幻象✕馬達✕交流電
特斯拉
Tesla

目錄

營養均衡的科學素養漫畫餐

文／吳俊輝（臺灣大學副國際長、物理系暨天文物理所教授）

這是一部很有意思的創意套書，但很遺憾的在我那個年代並不存在。

我小時候看過不少漫畫書、故事書和勵志書，那是在閱讀課本之餘的一種舒放與解脫，然而這部套書則是一個綜合體，巧妙的將生硬的課本內容與漫畫書、故事書、及勵志書等融合在一起，讓讀者像是被煮青蛙一般，不知不覺的被科學洗腦，被深深的植入科學素養及人生毅力的種子。

這部套書聚焦在多位劃時代的科學家身上，他們各自所處的年代，像是接力賽一般，巧妙的串起了人類科學史上的黃金三百年，當年的成果早已深深的潛移入我們當今仍在使用的許多科學原理中，而這些突破絕非偶然。

針對每位科學家，這部書都先從引人入勝的漫畫形式切入，若從專業的角度來看，科學界的前輩們或許會覺得漫畫中的許多情節恐怕難脫冗餘之名，但是若去除掉這些潤滑劑，它就會像是沒有開胃菜、配菜、佐料、甜點及水果的牛排餐，只有單單一塊沒有調味的牛排，想直接塞入學童們的口中，而我們的教科書經常就像是這樣，以為這才是最有效率的營養提供方式。臺灣的許多科學教科書，甚至更像是營養膠囊，沒有飲食的樂趣，難怪大多數人都會覺得自然學科很生澀，在離開學校後很怕再接觸到它。一般的科普書也大多像是單點的餐食，而這部書則是一套全餐，不但吃起來有

4

情調，那些看似點綴用的配菜，其實更暗藏有均衡營養及幫助消化的功能。

這部書除了漫畫的形式之外，還搭配有「閃問記者會」、「讚讚劇場」及「祕辛報報」等單元。「閃問記者會」是利用模擬記者會的方式，重現巨擘們的風采，一一釐清各式不限於科學範疇的有趣問題。「讚讚劇場」則是由巨擘們所主演的劇集，真人真事，重現了當年的時代背景，成功絕非偶然。「祕辛報報」則像是武林擂台兼練功房，從旁觀的角度來檢視巨擘們所主張之各種學說的歷史及科學地位，有攻有防，還提供了武林盟主們的武功祕笈，讓讀者們能在短時間內學上一招半式，以便於日後開創自己的成功人生。

科學其實和文學一樣，學說的演進和突破都有其推波助瀾的時代背景，但學校中的課本或一般的科普書則大多只告訴我們英雄們總共成功的攻頂過哪幾座艱困的山，以及這些山群們有多神奇，卻顯少著墨在英雄們爬山前的準備、曾經失敗的登山經驗、以及行山過程中的成敗軼事。少了這些東西，我們永遠學不好爬一座山，而這些東西其實就是科學素養的化身，只懂科學知識而沒有素養，我們充其量只不過是一隻訓練有素的狗，玩不出新把戲也無法克服新的挑戰，這是我們在二十一世紀知識爆炸的年代中所要面臨的嚴峻挑戰。這部書在漫畫中、在記者會中、在劇場中、在祕辛室中，都再再提點並闡釋了這個素養精神，清楚的交待了每一個成功事跡背後的脈絡，以及事前所付出的無數失敗代價，這對習慣吃速食的現代文明人而言，像是一頓營養均衡的滿漢大餐，雖說不是每個人的任務都是要去攻頂奇山，但無可諱言的，我們都生活在同一個山林中，就算不攻頂也仍須在人生中劈山荊、斬山棘！就讓我們一起填飽肚子上路吧！

角色介紹

仁傑

國一男生，為了完成暑假作業而參與老師的時光體驗計劃，被老師稱為超科少年。但神經大條，經常惹出麻煩，有時卻因為他惹的麻煩而誤打誤撞完成作業題目。

尼古拉・特斯拉

人稱「最接近神的男人」。以發明交流電力系統，為現代發電與電力傳輸系統立下基礎。然而這項交流電發明，也引發與愛迪生的電流大戰。雖然特斯拉具有超乎當代的能力，但是也因為部分發明想法太過超前，而無法讓人理解。晚年更因為失去專利權而窮困潦倒，只能鬱悶而終。

老師

非常熱中科學實驗，為了讓自己做的時光體驗機更完美，以暑假作業為由引誘仁傑與亞琦試用，卻意外引發他們的學習興趣。

亞琦

國一女生，受到仁傑的拖累而一起參與老師的時光體驗計劃，莫名其妙成為超科少年的一員。個性容易緊張，但學科知識非常豐富，常常需要幫仁傑捅的簍子收拾殘局。

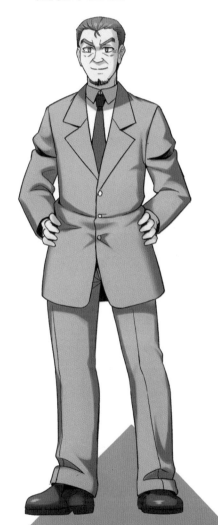

小颯

超科少年的一員（咦？）。會講話的飛鼠，是老師自稱新發現的飛鼠品種，當作寵物豢養。偶爾會拿出一些老師做的道具，在關鍵時刻替其他人解圍。

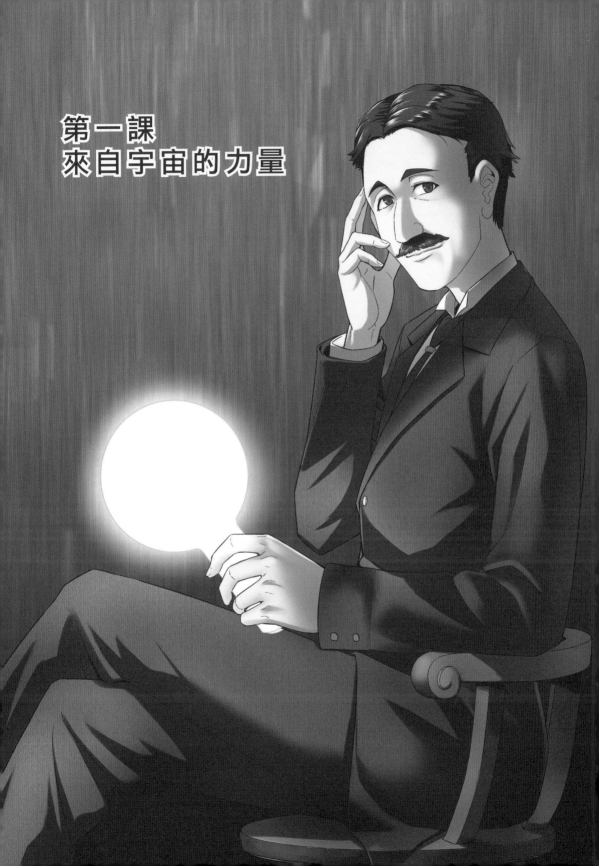

第一課
來自宇宙的力量

學校 午休時間

老師！老師在嗎？

不好了，老師
我的四驅車不妙了！

仁傑？
怎麼了？

都快午休時間了，
你還在幹嘛？

老師，
先別管那個！

這不是你上次改的
超強四驅車嗎？

沒錯！但是週末
還要比耐力賽，
怎麼辦？

我為了參加比賽，所以換了一顆更強的馬達！

但因為馬力太強，所以電力吃得比以前更兇！

一場下來要比之前換更多次電池，時間花得反而更多。

那就不要參加比賽啊！

哈哈哈

你這是為人師表的態度嗎？

有沒有可能不用電池，就能讓四驅車自己跑的方法？

你想太多了。

或是可以不用換電池，就能讓馬達自己轉？

這是不可能。

老師，我把班上作業收來了。

說到這，曾經有位科學家確實在研究無線電力傳輸，可以不用電線就能傳輸電力。

他名字叫尼古拉．特斯拉。

特斯拉？好像在路上有看過？

亞琦，你說的那是電動車，我說的是科學家。

如果當初無線傳輸可以在現代實現，世界應該變得更有趣才是。

如果說找機會讓你們去觀察那位科學奇才，或許不錯呢。

哇啊

老師那個惡魔!

這裡是?

咦?

好大的金龜子!
是我沒看過的品種!

太棒了!草叢裡還有沒有?

仁傑,你不要只顧抓蟲啦!

14

哇啊！

嗯？

抱歉啊，不是故意要嚇你的。

只是剛好金龜子飛到你臉上。

好險，抓到了。

15

你想跟我搶金龜子嗎？

要決鬥嗎？

跟你搶？我才沒那麼無聊。

什麼嘛，還以為你想跟達爾文一樣跟我用金龜子決鬥呢。

達爾文？那是誰？我叫特斯拉。

沒什麼……你想拿金龜子做什麼？

我只是想抓幾隻來做實驗。

把金龜子綁起來，金龜子就會一直飛，剛才突然想說抓幾隻來做一些裝置。

喔喔，沒想到你也會這樣玩啊！

16

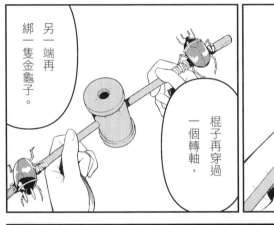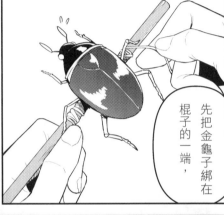

特斯拉使用金龜子做實驗僅為故事描述，請勿模仿嘗試。

原來還可以這樣玩啊。

這樣金龜子很可憐。

感覺還能接個風車呢。

風車？你說像荷蘭的……

對了，如果再接個傳動裝置，就可以像風車推動石磨。

不過兩隻金龜子可能不夠。

這樣的話就必須再增加數量，轉動的裝置也必須……

好！就這麼決定了！

怎麼了？

8

說不定轉動得更快，應該可行！

等等，如果有更多金龜子。

？

那我再去抓！

太好了，來突破發動機極限！

特斯拉。

你又在做奇怪的東西了啊，

20

竟然拿這種好東西，來做奇怪的事情。

咦？這不是金龜子嗎？

唔，好苦，一點都不好吃。

還是沒有調味的關係嗎？

......

剛才那位是？

他是住在附近的人。

金龜子是可以吃的嗎？

竟然為了抓金龜子，把裝置拆壞了⋯⋯

那個混蛋！

我再去抓其他金龜子！

沒關係，剛才的實驗已經有成果了⋯

就算不是用金龜子，

以後我也要用其他方式，做更大的發動機！

下次我也來幫忙！

真的？沒問題。

發明筆記?

是啊，你看到的這些都是。

好多......

那孩子畢業回家後每天都在苦讀電學。

現在連生病也不好好休息，連醫生都幫不上忙。

這應該算好事吧。

如果只是讀書是還好......

我常跟他說好好當個神父就好，也許他就不會做白日夢。

你真是的，老是要他去當神父。

白日夢？怎麼回事？

那小子整天關在房間裡，卻說他在環遊世界。

說看見不同國家的人，和奇怪的機器人。

還說看到從發光洞穴走出來的人跟他說明機械原理。

聽來很嚴重啊。

他八成遺傳到你老愛發明奇怪工具的個性。

你說什麼！

我們先進去吧。

特斯拉，你還好嗎？

你們，都聽到了吧。

或是說，
你們聽得到嗎？

？？

老實說眼前的你們是
不是真的存在？我也
不確定。

我想成為工程師，
也開始學習電學之後，
就不停的把腦中的
各種想像，記錄下來。

但是腦中的畫面是真是假，
有時我也分不清楚。

也許像父親說的，
去當神父就會好一些。

特斯拉……

說什麼我不存在，我是特地來找你！

我只記得我們約好要幫忙的！

噗呃！

雖然我不知道你現在想怎樣，

但說要突破發動機極限的，可是你啊！

這是……

我努力抓的一百隻金龜子。

謝謝你們。

這我就收下了。

父親！

我會把這些當作來自宇宙的靈感和力量。

！

29

爸爸！我決定了！我不想當神父！

我想繼續研究工程學！

身體好點了嗎？

為什麼突然說這些？

我認真思考了……

我當然知道你對工程比較有興趣，但問題不在這。

四年的課程在三年內念完，你的努力我都看在眼裡。

但你為了讀書，不吃不喝的，我更希望你在學習的過程，

能夠更愛惜自己的身體。

30

沒問題，爸爸。

如果讓我繼續念工程學，我會好好照顧身體。

我向您保證。

作業完成了！

關鍵任務
■ 觀察特斯拉的覺醒與宇宙力量
□ 特斯拉的交流電夢想
□ 電流大戰的影響與結果
□ 衰敗的巨塔與命運

嗯？

太好了！

雖然完成了，

但一直有個東西不懂。

聽起來怎麼好像生病了？

這樣不就影響他後來的學習？

那倒也沒有。

特斯拉病好之後，父親答應讓他去念奧地利的理工學院。

而他那種特殊的幻覺，反倒對學習幫助不少。甚至可以看著一臺機械，就在腦中分析出原理構造。

結果他不停在圖書館念書，每天都睡眠不足。

直到學校寄信給他父母，要他把特斯拉帶回家。

這方面倒是沒變呢。

仁傑？怎麼了？

嗯～

嗯

沒想到金龜子可以對特斯拉有這麼大影響。

或許我也可以想出用一百隻金龜子驅動四驅車的方法。

你腦袋的構造果然跟一般人不一樣。

嗯？什麼意思？

‥‥‥

第二課
慣老闆與他的
美式幽默

午休時間

教職員室

嗯～真是懷念呢。

哥,你的3D列印機,我幫你帶來了。

喔,謝謝。

你怎麼了?我放這裡囉。

沒什麼,只是在回味小時候玩的四驅車。

以前的零件都還在,

感覺可以加上現在的新技術,重新回味以前熱衷的東西。

這樣啊，那太好了。

什麼？

這兩位看到我拿著3D列印機，就很有興趣的跟過來了。

你順便也教教他們。

……

對仁傑的四驅車這麼冷淡，結果老師以前也玩很凶嘛。

不，這是……

是啊，你看他以前的工具箱都留著呢。

哇，零件比我還多。

我是看到仁傑這麼認真的研究四驅車，想說讓自己恢復一下記憶，也幫仁傑強化他的車參加比賽！

我覺得老師你可以坦率一點。

3

1883年
史特拉斯堡車站

這又是哪裡?

這裡是德法邊境的史特拉斯堡車站。

啪搭!

車站?難怪人那麼多。

喂。

是仁傑和亞琦,好久不見～

特斯拉?

竟然留了小鬍子。

坐在車站前很危險……

嗯,你們是?

嘿嘿～做出超越極限的發電機了嗎？

不，正好相反，我正在修理發電機。

就是那個

哇！牆上怎麼破個大洞。

我正在幫公司處理損壞的發電機，還有電力系統。

你已經在工作了呀。

是啊，我在愛迪生電力公司工作，然後被分派到這裡。

愛迪生？是那個發明大王嗎？好厲害！

你們也聽過呀，愛迪生確實是個大人物。

他的留聲機與直流電發電系統，正在推廣到全世界。

我也很高興能到他公司工作。

EDISON'S

聽說是車站開幕當天，出了意外。

那這個破洞是怎麼回事？

留聲機？

就是收音機

車站開幕儀式當天，連老皇帝威廉一世都出席了。

結果車站裡由我們公司負責的發電機，居然發生故障爆炸，還把牆壁炸開一個洞。

於是我就被叫來檢修了。

雖然發電機已經修好，但整個車站還要重新檢查。

原來是幫忙擦屁股的……

那我們也來幫忙！

真的嗎？太感謝了。

裝那裡好

裝這裡好

謝謝你們，燈泡的安裝進度差不多了。

晚上請你們吃飯吧。

不好意思讓你花錢。

別擔心，公司說我把車站的電力系統搞定，就會給我一筆獎金！

真的嗎！那就吃最貴的！

仁傑，你夠了。

哈哈，沒關係的。

什麼？
沒有獎金？

先前不是説好的嗎？

真的很抱歉，特斯拉。

這是總公司那邊的意思，我也試著去爭取過了。

經理 巴奇勒

特斯拉，我知道你很生氣。

但分公司權限不夠大，只能聽從總公司。

抱歉我無能為力。

不是這麼説的吧！

44

我了解了，我相信你，巴奇勒。

我們可是把整個車站都……

這樣吧。你修好史特拉斯堡車站的系統確實也是大功一件。

謝謝你的體諒，特斯拉。

我向總公司推薦你去美國愛迪生總公司上班吧。

相信你會有更好的發展。

1884年
愛迪生電力公司
美國總公司

哎呀，特斯拉先生，
久仰大名。

我從巴奇勒那邊
聽到不少你的事蹟了。

愛迪生電力公司老闆
湯瑪士・愛迪生

巴奇勒說他最欣賞
的一個人是我，
另一個就是你了。

您太客氣了，
能與愛迪生先生共
事是我的榮幸。

你們這群飯桶！

！

郵輪的發電機故障這種事，還要我出面？

那個，因為船公司高層抱怨他們無法出航！

把發電機拆回公司修理啊！

剛評估過了沒辦法，發電機體積太大……

總公司果然很忙，我們先離開好了。

我們已經在研究怎麼處理……

啊！

仁傑，亞琦

招待不周，讓你們看笑話了。

請各位先去休息吧。

真是抱歉，我先請主管帶你熟悉公司環境，

你們今天晚上有空嗎？

港口
SS
奧勒岡號

等等，特斯拉！
你這樣沒問題嗎？

和車站的發電機
不一樣，

看來是用皮帶與
蒸氣機連接驅動，
再接到發電機

這樣的話……

……

好，
開始工作吧！

太感謝你了，特斯拉先生。

沒想到這麼快就修好了。

我以為這陣子都無法出航了。

不不，是我們該做的。

船上還有些房間，你們需要的話可以自由使用。

謝謝，我在甲板上休息下就要離開了。

特斯拉一定是工作狂。

那我不招呼各位了。

沒錯。

話說，特斯拉，我一直想問。

這麼拼命，真的好嗎？

怎麼了？就是工作而已啊。

不，該怎麼說……

愛迪生是很有名的人啊，在他的公司努力表現沒什麼不對吧？

還是仁傑覺得偷懶比較輕鬆？

既然愛迪生這麼欣賞你，那為什麼不給先前修理車站的獎金？

見面後也不給你重要職位或工作，總覺得不太對勁。

你看。

你說的這些，我都知道。

這部分的確是很奇怪。

是我還在試做的雙向交流發電機原型。

這是⋯⋯

雖然愛迪生在推動直流電發電機，但我不太認為這是對的發展。

因為電力傳輸距離短，又不能像交流電一樣調整電壓做更遠的傳輸。

不過即使直流電有一些發展缺點，

但是愛迪生也是為改善人類生活而努力著。

未來我一定會完成交流電原型機，

說服他發展交流電。

你說郵輪的發電機修好了？

是的，船公司剛才來致謝，

是不是搞錯了？不是還在討論怎麼處理嗎？

？

嗯？

喔，這不是法國天才特斯拉嗎？

老闆早安。

剛來美國很不習慣吧，還是晚上偷偷跑去酒吧玩了呢？

唉呦，看你的臉是不是沒睡好？

有需要的話，我可以介紹你一些不錯的店喔。

報告老闆，我已經修理好奧勒岡郵輪的發電機。

太棒了！
果然是巴奇勒大力推薦的人！

我還在煩惱要怎麼處理發電機，沒想到你一個晚上就修好，

謝謝老闆。

你絕對是我們以後不可或缺的人才。

這樣吧，有個任務交給你。

你已經修理過史特拉斯堡車站與郵輪上的發電機，

相信你很了解公司的發電機裝置，剛好公司最近有個新案子。

我想藉助你的能力，改良公司現有的直流發電機。

相信你一定能提高我們的發電機效率。

當然不會讓你做白工，如果成功完成的話，

我就給你五萬美元獎金。你看如何？

直流發電機的改善任務
我了解了。

其他還有很多東西,
我也覺得可以弄得更好。

沒問題,
我會連同相關的裝置
都一併調整!

作業完成了!

仁傑,亞琦,
我先回去……

咦?

關鍵任務
■ 觀察特斯拉的覺醒與宇宙力量
■ 特斯拉的交流電夢想
□ 電流大戰的影響與結果
□ 衰敗的巨塔與命運

喔!你們回來了!

嗯,跟特斯拉一起行動累死人了。

辛苦你們了,每天只睡兩小時呢。據說特斯拉

這誰受得了!

後來特斯拉真的有拿到獎金嗎?

該不會……

仁傑應該猜到了。

愛迪生交付任務之後,特斯拉回頭改良了許多直流發電機的設計,

也額外設計了控制⋯⋯

老闆,所有改善的設計圖都在這了。

不過就在他把改良後的設計拿給愛迪生後⋯⋯

不過五萬美元這種事，

我想是你太認真了，這只是所謂的美式幽默罷了。

聽說愛迪生就這樣打發掉特斯拉。

連續被騙兩次的特斯拉非常難過，不久就離開愛迪生公司。

特斯拉離開後，為了推廣他的電力系統而成立公司，卻因為股東不支持而倒閉，導致他窮困潦倒一陣子，還跑去當臨時工挖下水道，

果然是被利用，真的不能太過相信人呢。

好過分！

第三課
電流大戰開打

1888年
愛迪生總公司

什麼?你說威斯汀豪斯公司打算買下特斯拉的交流馬達專利?

是的,聽說連同其他專利也一起買下。

威斯汀豪斯先前挖走了好幾個電學專家,

還買下變壓器專利。

他們竟然去搞那種會電死人系統,那群傢伙敢跟我爭。

另外也聽說特斯拉加入威斯汀豪斯的工程師團隊。

想必是要與你搶電力系統的訂單吧。

不,沒那麼簡單。

記得1876年在費城舉辦的世界博覽會嗎？

那是慶祝美國獨立百年的第一次官方展覽。

記得，那不是好久以前的事了。

他一定也知道這場展覽的重要性。

威斯汀豪斯公司這幾年都在努力推廣交流電系統，

如果相關大合約被搶走的話……你應該知道後果吧。

聽說有人正在籌劃下屆世界博覽會。

你也知道世界博覽會對於城市發展有重要的影響。

別擔心，交給我處理。

哈羅德・布朗

1888年
紐約

天啊!

整條巷子都是電線

似乎是城市發展太快速,所以電力,電報與電話線全部混在一起。

原來如此,但也太多了吧。

畢竟現在是美國工業高速發展期。

感覺一不注意就會被纏住。

關鍵任務
■ 觀察特斯拉的覺醒與宇宙力量
■ 特斯拉的交流電夢想
□ 電流大戰的影響與結果
□ 衰敗的巨塔與命運

我們還是快點去找特斯拉吧。

是為了你的軌道車吧!

沒錯!趕快完成作業吧!

啪！！

喂!你幹嘛!

聽說有個實驗室……

怎麼了?

那傢伙把小颯抓走了!

混蛋！把小颯還來！

好痛……是誰？

仁傑！

沒事吧？

可惡，跑真快！

仁傑？亞琦？你們怎麼了？

實驗室

這樣啊,小颯差點被人抓走。

最近的確會聽到一些小貓小狗被人抓走的事。

原來特斯拉有自己的實驗室了。

是啊,忘了向兩位介紹威斯汀豪斯先生。

他是在推廣交流電系統的企業家,我一部分研究也要感謝他的幫忙。

呵呵呵,特斯拉,你客氣了。

為了發展交流電系統,必須有特斯拉先生的能力幫忙。

我也很高興能與特斯拉先生一起合作呢。

其實我一直想問，直流電跟交流電系統差在哪？

這個啊。

雖然直流電在傳輸穩定性較好，但由於不容易改變電壓，導致遠距離傳輸的電力耗損很大，必須要很多發電機來補足。

＊在發電功率固定的條件下。

電力 耗損

＊交流電系統就不一樣了，利用變壓器，提高交流電電壓後，就可以傳輸很遠的距離，之後再降壓並輸送到各地。

升壓 降壓

電壓

這樣就可以更有效率的降低……

停停，特斯拉先生，別上課了。

你朋友快不行了。

與其像愛迪生只看到問題表面，只用土法煉鋼的方式找答案。

我認為應該要找出問題的關鍵，用科學理論和計算解決，才是王道。

特斯拉先生，不好了！

哈羅德‧布朗要在哥倫比亞學院演講批評「交流電的危險性」！

哥倫比亞學院

相信現場的學者來賓與記者朋友都知道

交流電其實非常危險。

今年三月的一場暴風雪，吹落了一條電線，

導致一名男孩被電擊死亡。

更糟糕的是仍有些企業支持交流電系統。

實在是拿人命開玩笑。

我身為電力諮詢專家，深深覺得必須勇於揭露交流電的危險性，

也讓大家了解交流電的真相。

其實我也聽到一些小道消息。

你差點就變成電烤飛鼠了。

沒錯,有可能就是那些小孩子。

這麼說剛才小颯差點被抓走……

那位布朗先生成立了電力諮詢公司。

表面上說自己是獨立工程師,但其實與愛迪生的關係非常密切。

他也協助出版了不少宣傳交流電有危險性的書,

還寫信給市政府,推薦布朗擔任宣傳交流電危險性的顧問。

愛迪生為了搶電力系統生意,使用了許多手段抹黑交流電。

什麼?是愛迪生?

可是交流電真的這麼危險嗎？

任何東西或裝置都有一定的危險性。

但是如何正確又安全的使用才是關鍵。

的確是呢。

除了搶生意，我想他還有一個目的。

最近有人在籌備下一屆的世界博覽會，我想愛迪生應該也想爭取相關的合約，如果真是這樣⋯⋯

大自然在宇宙中儲存了無限的能量。

而這無限能量的接收和傳播仍然是謎。

各位來賓午安，我是尼古拉‧特斯拉。

今天我將為各位開闊新的視野，

解放科學家長久以來的好奇與疑問！

題目是……「高頻交流電實驗與人工照明的應用」。

82

如同高舉火炬的自由女神。

這場演講中，特斯拉不用電線就點亮燈泡與燈管。

向在場觀眾展現交流電的無限可能。

這是……威斯汀豪斯的發電機？

看來特斯拉就在附近吧。

話說與愛迪生的對決後來怎麼了？

這個啊......

由於愛迪生對直流電太過堅持，使得他在公司逐漸被孤立。

加上特斯拉先生的努力，讓大家了解交流電的各種可能性。

所以這次世界博覽會全部採用交流電系統。

難得各位都在，我請各位去吃飯吧。

太厲害了！我的100隻金龜子沒白送！

喔喔，吃什麼呢？

聽說有間店賣金龜子濃湯呢。

不用了，我們不餓......

怎麼了？聽說那是歐洲名菜。

不過愛迪生後來怎麼樣了？

回來啦。

嗯，世界博覽會好漂亮。

愛迪生雖然在電力系統方面失利，但他後來在其他領域的發展還是很好。

美國電氣工程學會也以愛迪生為名，設立了愛迪生獎章頒發在電氣領域有貢獻的人。

還各別頒給威斯汀豪斯跟特斯拉兩個人。

聽起來真不舒服……

交流電成為主流，那表示直流電系統就沒了嗎？

倒也沒有。

直流電不容易改變電壓，而且當時發展技術也無法達到完美。

不過後來有人發現高壓直流電使用在遠距傳輸的耗損比交流電更少。

1930年左右，瑞典與蘇聯也開始建造高壓直流輸電系統，現在也在特殊領域發展中。

而當時西屋公司與愛迪生公司，為了爭奪主流電力系統規格所做的各種攻防，就成為後來大家知道的「電流戰爭」。

嗯～

我只覺得電流戰爭是建立在電死小動物上。

這⋯⋯不管到哪都是有壞人存在啦。

你們人類有夠可惡！

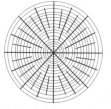

第四課
能量急轉直下

這幾年電力領域的技術進步了很多，

所以我也更希望能完成無線電力傳輸的研究。

無線電力傳輸就是不透過電線，能將電力送到另一個地方。

不過你在做什麼啊？

為什麼要把燈泡放在地上？

還有旁邊這些線圈是？

裝置藝術嗎？

喔，這是為了準備待會的觀察。

剛好我要開始實驗了，你們也來看看我的新玩具吧！

好。

哇！

這東西是！

這是放大發射器。

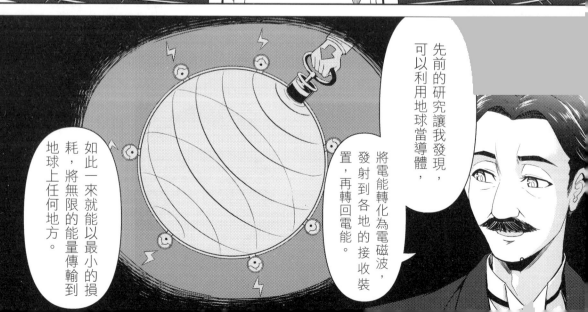

先前的研究讓我發現，可以利用地球當導體，

將電能轉化為電磁波，發射到各地的接收裝置，再轉回電能。

如此一來就能以最小的損耗，將無限的能量傳輸到地球上任何地方。

所以除了這些東西，我還在外面裝了一些感應裝置來測試可行性。

就是那些燈泡嗎？

那為什麼不留在紐約做實驗？

因為科羅拉多山上的乾淨空氣對我的實驗很有幫助，也更容易的觀察電的效應。

可是今天天氣有夠爛的。

感覺快打雷了。

不，這種天氣正是最好的實驗機會。

咔！

差不多了。

可以開始了！齊托！

怎麼了？齊托？
為什麼裝置停止了？

不知道，電力突然消失了！

該不會……
快聯絡發電廠！

有種不好的預感～

果然沒錯……

剛才的實驗準備不夠，所以把附近發電廠的發電機燒掉了。

什麼！

特斯拉在嗎？

剛剛發生什麼事了？

科羅拉多泉發電廠股東
柯蒂斯

那實驗該怎麼辦？

我聯絡鎮上另一台發電機看看。

我聽發電站經理說你的實驗把發電機燒了。你沒先做好防護措施嗎？

抱歉、抱歉。

雖然我請發電廠讓你免費用電,但你把發電機燒了讓我很困擾啊。

果然挨罵了....

抱歉,我會負責修理的。

特斯拉......

那就好。

我知道你在研究電力傳輸,但再這樣下去,我很難繼續幫助你。

沒事沒事,雖然實驗中止,不過今天實驗很成功!

......

怎麼了？特斯拉。怎麼約在這種時候碰面……

嘿嘿，還記得科羅拉多泉實驗室嗎？

仔細研究之後，發現可以將電力與電報訊號一起傳輸，

於是我找到贊助人幫我蓋了這個

沃登克里弗塔！

當時我除了利用地球當導體做電力傳輸外，

我還在實驗室接收到一些電波訊號。

未來只要建立起強力的無線系統，

不管是電力或是訊號都可以遠距無線傳輸。

有點恐怖……

塔還沒蓋完嗎？

很可惜還差最後一步，不過沒關係。

塔現在雖然還沒完工，但已經能做基本的測試了！

你們就當作我的第一位見證者！

這是…為了展示未來的可能性！

啪！啪！啪！

非常華麗的燈光秀，特斯拉先生。

不過你怎麼沒說一聲就自己任意啟動沃登克里弗塔？

特斯拉辦公室經理
喬治・謝爾夫

電力傳輸可是具有工業價值啊！

這個項目完成的話……

整個工業將會邁進一大步！

好了，這些我都聽多了。

我是來告知特斯拉先生一件事。

我收到摩根先生的信，他说他不会再投资沃登克里弗塔。

什麼！

為什麼！塔不是快要完成了嗎？突然中止的話，豈不是功虧一簣？

您也很清楚原因吧，特斯拉先生。

摩根先生投資您的用意也是希望發展無線電通訊。

但您的施工預算卻不停往上加……

可是！

馬可尼在兩年前就證明他的無線電裝置可以接收長達3400公里的訊號。

其他的裝置也才一個小實驗室就裝得下。

這個項目完成的話，這裡將會變成無線電之城！

不管是獲取太陽能量或是控制天氣都……

夠了！特斯拉先生！

對摩根先生來說，您這座塔除了發光以外，連傳送橫跨大西洋的訊號都辦不到。

那個人是？

這樣啊……

應該是負責管理公司財務的人吧？

畢竟建造大型設施要花不少錢，就算是特斯拉也必須想辦法說服投資者。

我們的資金也快見底了。

其他投資人也紛紛轉向投資馬可尼。

如果再沒有實際成果的話，我也很難再找到贊助經費。

請你好好思考一下吧。

明明是他用了我的技術才做出成果。

這座塔可以做的事,遠超乎無線電啊!

為什麼……

作業,完成!

這樣塔還蓋得完嗎?

關鍵任務

■ 觀察特斯拉的覺醒與宇宙力量
■ 特斯拉的交流電夢想
■ 電流大戰的影響與結果
■ 衰敗的巨塔與命運

嗯?

沒事的!我會想辦法把塔完成……

現代 學校

恭喜你們……為什麼面有難色?

科學家原來也會遇到這麼複雜的事。

後來沃登克里弗塔有完成嗎?

可惜沒有呢。

什麼?

因為沃登克里弗塔的出資者約翰‧皮爾龐特摩根停止資助，所以塔最後也無法完工。

特斯拉也因為債務問題，不得不拆除沃登克里弗塔變賣。

晚年的特斯拉因此身無分文。

雖然他積極投書報章雜誌，講述了許多他的發明與理論。

不過由於內容太艱澀難懂，並沒有引起太多共鳴。

而特斯拉死後不久，美國情報機構就把特斯拉的發明手稿收為機密。

直到1990年後才被陸續公開。

什麼！

特斯拉一生有一千多項發明，甚至有著超前當時技術的想法，但直到他死後幾十年才慢慢被人注意。

這樣啊……

這世界真不公平，到底還有多少被埋沒的人才？

哼哼，你眼前不就有一個嗎？

看！我已經改造好你的四驅車！

全車輕量化！內建智慧控電晶片，可以讓電池保持最佳化狀態！

我還用3D列印做了金龜子造型外殼，流線的造型，超有特色！

我才不要金龜子外殼！老師你有夠沒品味的！

你不是抓了一堆金龜子？我還以為你很喜歡。

老師應該算是被埋沒的笨蛋吧。

超科少年 7

―― 幻象╳馬達╳交流電 ――

特斯拉

Tesla

漫畫科普系列 007

超科少年
Tesla
特斯拉

漫畫創作｜好面 友善文創　友善文創 Friendly Land
整理撰文｜胡佳伶
責任編輯｜呂育修
封面設計｜我我設計工作室
行銷企劃｜陳詩茵

天下雜誌群創辦人｜殷允芃
董事長兼執行長｜何琦瑜
媒體暨產品事業群
總經理｜游玉雪
副總經理｜林彥傑
總編輯｜林欣靜
行銷總監｜林育菁
主編｜楊琇珊
版權主任｜何晨瑋、黃微真

出版者｜親子天下股份有限公司
地址｜台北市 104 建國北路一段 96 號 4 樓
電話｜（02）2509-2800　傳真｜（02）2509-2462
網址｜www.parenting.com.tw
讀者服務專線｜（02）2662-0332　週一～週五：09:00～17:30
傳真｜（02）2662-6048　客服信箱｜bill@cw.com.tw
法律顧問｜台英國際商務法律事務所‧羅明通律師
製版印刷｜中原造像股份有限公司
總經銷｜大和圖書有限公司　電話：（02）8990-2588

出版日期｜2021 年 5 月第一版第一次印行
　　　　　2024 年 4 月第一版第三次印行
定價｜350 元
書號｜BKKKC173P
ISBN｜978-957-503-984-4(平裝)

訂購服務───────────────────────
親子天下 Shopping｜shopping.parenting.com.tw
海外‧大量訂購｜parenting@cw.com.tw
書香花園｜台北市建國北路二段 6 巷 11 號　電話（02）2506-1635
劃撥帳號｜50331356　親子天下股份有限公司

國家圖書館出版品預行編目 (CIP) 資料

超科少年.7：特斯拉 / 好面, 友善文創漫畫 ; 好面, 胡佳伶文
-- 第一版. -- 臺北市：親子天下股份有限公司, 2021.05
面；17×23 公分. -- (漫畫科普系列)
ISBN 978-957-503-984-4(平裝)

1.特斯拉(Tesla, Nikola, 1856-1943) 2.科學家 3.傳記 4.漫畫

308.9　　110004479

立即購買 >

提醒：課程學習標籤僅供參考，以學校或教科書實際教學進度為準。

推薦序

漫迷 vs. 科普知識讀本

文／鄭國威（泛科學網站總編輯）

　　總有一種文本呈現方式可以把一個人完全勾住，有的人是電影，有的人是小説，而對我來説則是漫畫。不過這一點也不稀奇，跟我一樣愛看漫畫成痴的人，全世界至少也有個幾億人吧，所以用主流娛樂來稱呼漫畫一點也不為過。正在看這篇推薦文的你，想必也是漫畫熱愛者！

　　漫畫，特別是受日本漫畫影響甚深的臺灣，對這種文本的普及接觸已經超過30年，現在年齡35-45歲的社會中堅，許多都經歷過日漫黃金時代，對漫畫的魅力非常了解，這群人如今或許也為人父母，就跟我一樣。你現在會看到這篇推薦文，要不是你是爸媽本人（XD），不然就是爸媽或長輩買了這本書給你吧。你可能也知道，針對小學階段的科學漫畫其實很多，在超商都會看見，不過都是從韓國代理翻譯進來的，臺灣自己的作品就如同整體漫畫市場一樣，非常稀缺。親子天下策劃這系列《超科少年》，我想也是有感於不能繼續缺席吧。

　　《超科少年》系列第一波主打包括牛頓、達爾文、法拉第、伽利略等四位，每一位的生平故事跟科學成就都很精彩且重要，推出後也深獲臺灣讀者支持。第二波則推出孟德爾與居禮夫人，趣味跟流暢度我認為更高了。不過既然針對學生階段讀者，用漫畫的形式來説故事，那就讓我這個資深漫迷 X 科學網站總編輯先來給你三個建議：

　　第一、所有嘗試轉譯與普及科學知識的努力必然都會撞上「不夠嚴謹之牆」。

5

身為科學傳播從業人士，我每天都在想該如何在科學知識嚴謹性，趣味性跟速度感之間取得平衡，簡單來說就是一直在撞牆啦！儘管如此，我們最歡迎的就是挑剔的讀者了，所以儘管漫畫很好看，但我希望你一定要挑剔，把你不太明白或有疑惑的地方都列出來，問老師、上網、到圖書館，或寫Email給編輯部，把問題搞得水落石出喔！

第二、科學人物史是科學與人文的結合，而儘管《超科少年》系列介紹的科學家都是超傳奇人物，故事早已傳頌，但要記得歷史記載的都只是一部分面向。另外，這些人之所以重要，當然是因為他們提出的科學發現跟見解，如果有空，就全家一起去自然科學博物館或科學教育館逛逛，可以與書中的內容相互印證，會更有趣！

第三、從漫迷的角度來看，《超科少年》的畫技成熟，明顯的日式畫風對臺灣讀者應該很好接受。書中男女主角的性格稍微典型了些，例如男生愛玩負責吐槽，女生認真時常被虧，身為讀者可以試著跳脫這些設定，不用被局限。

我衷心期盼《超科少年》系列能夠獲得眾多年輕讀者的喜愛與指教，也希望親子天下能夠持續與國內漫畫家、科學人、科學傳播專業者合作，打造更多更精彩的知識漫畫。於公，可以替科學傳播領域打好根基；於私，我的女兒跟我也多了可以一起讀的好書。

CHAPTER 1

閃問記者會

NIKOLA TESLA

10 個閃問穿越記者會

 各位書上的來賓大家好，歡迎來到「10 個閃問穿越記者會」，我是電力十足的主持人交流電小子，今天邀請到的來賓很特別，他不但被稱為「最接近神的男人」，甚至連電動車「特斯拉」也以他的名字做為品牌名。你猜到了嗎？沒錯，現在就讓我們歡迎今天的來賓，充滿傳奇的發明鬼才——**尼古拉 · 特斯拉！**

OPEN

 特斯拉先生好，我是主持人交流電小子，非常謝謝你穿越時空來到現在，但你其實是從現代穿越到 19 世紀吧？！不管過去還是現在，粉絲對你的愛可是跨越年代，所以特別準備 10 個問題來請教你。

首先第一個問題就是想證實一下有關你的諸多傳說，請問你真的是從我們這個年代穿越到過去的嗎？還是說你根本就是外星人！可不可以透露一下？

 嘿嘿嘿！其實我是來自超越空間時間的異次元人，只是用腦波控制大家，滋滋滋～開玩笑的，真相就是我只是一個超級天才，想法超越同代人很多，傳言都是假的！不過這趟穿越看到我當初的預言都已經成真，真是太值得了，謝謝你們的邀請。

 你太客氣了。那麼要問特斯拉先生，雖然說你的大名已經跟著電動車「特斯拉」滿街跑，但一般人還是對發明大王愛迪生比較有印象，這該怎麼辦？

我印象中的交流電可沒這麼直接啊～咳咳，跟你説我不但沒在怕、還要趁機揭開真相！愛迪生根本就是邪惡資方，説話不算話的渣男。承諾我的獎金落空，騙我不懂美國人的幽默。他的名言「成功是靠九十九分的努力和一分的天才」只是牽拖，是因為他本人就是笨蛋，只會瞎忙。我只要用一分天才，就可以贏過他。氣氣氣～

消氣，消氣，深呼吸～我們就先不提愛迪生了。那請問在你的研究生涯中，有什麼要特別感謝的人嗎？

我想想喔，我爸媽、好朋友席吉蒂……還有巴奇勒推薦我去美國工作……！哼不算，他介紹我去找愛迪生，可惡。工地工頭，《電學世界》的編輯湯瑪士和安東尼教授。

啊～威斯汀豪斯，他不但買下我的專利，我們也一起合力用交流電技術打電流大戰。

說到威斯汀豪斯，聽說當年他經營困難向你求助時，你親手撕毀合約，放棄大筆權利金，請問你為什麼會這麼做呢？

當初因為他的贊助才得以讓交流電技術稱霸啊！別人對我沒信心的時候，只有他願意信任我。只要我能實現理想，錢再賺就有了。可是那家公司在威斯汀豪斯去世後，就都不理我、也不贊助我新計畫，有夠現實的，我氣氣氣。

額～那個～特斯拉先生有很厲害的超能力，可以跟我們分享嗎（轉移話題）？

說真的，我還真覺得自己有超能力耶！我可以光用想像，就可以在腦海中建構出詳細的設計圖或模型，就是你們説的「圖像式記憶」。但有時候能力強過頭，幻覺就會跑出來，呵呵。

那還真的很特別！請問這麼多發明中，你最自豪的是哪項呢？

當然是交流電馬達和發電機！畢竟我可是被稱為交流電之父。當初格拉茲理工學院的老師還當眾説這根本是不可能的任務，但我跟席吉蒂散步的時候，就想到解決方法，直接在沙地上啾啾啾的畫出設計圖，厲害吧！

真的太強了！那想請問一下特斯拉先生，在你的研究生涯中有什麼覺得遺憾的事情呢？

就是被馬可尼搶先發表無線電啊！他居然還得到諾貝爾獎。後來我的無線電專利官司也因為沒錢，而只能認輸。不過剛剛有查資料，還好我過世之後不久，美國法院有裁定我是無線電專利的發明人！

那也算有好結局，接下來請問你有什麼終極的研究目標嗎？

終極理想就是設計出全球通用的無線電力傳輸和通訊技術，因為我認為地球是個持續轉動的大磁場，充滿巨大的能量，只要找到正確的方法，就可以將這股能量傳輸到地球上任何地方，讓所有人免費使用。厲害吧！

真是太有遠見，其實你的不少神預言現在都已經成真，這也難怪會有人說

你是來自未來的穿越者啊！接下來這題是很多來賓心中的疑惑，就是特斯拉先生這麼英俊帥氣又踏足紐約時尚圈，難道感情世界是一片空白嗎？

我的最愛就是創造發明做研究，哪有時間談戀愛。雖然有不少女性曾經對我表示好感，但愛情和婚姻會剝奪我對科學研究的專注……。真正算得上的情人，大概只有晚年陪伴我的那隻鴿子吧。她過世的時候，我甚至覺得我的魂魄也一起離開這個世界了，嗚嗚嗚……

呃……鴿子……有點不舒服……。換個話題、換個話題。你的一生充滿傳奇，現在也有不少頂尖科技企業的創業者都把你當成他們的偶像，不知道有沒有什麼話可以鼓勵我們？

這個我也有查資料，特斯拉汽車的老闆伊隆·馬斯克（Elon Musk）和 Google 執行長賴利·佩吉（Larry Page）都把我當成精神偶像，他們的理念都有得到我的真傳。我想跟大家說，不要汲汲營營追求金錢名利，錢是用來幫助你完成理想，而不是要帶著它進棺材。要做你熱愛和認為有價值的事情，不要害怕雄心壯志，要設定遠大的夢想，朝著它一步一步向前走，總是會越來越接近的！

非常感謝特斯拉先生今天不辭辛勞來到這裡，跟我們分享你的想法。穿越的時間實在有限，若是大家還有疑問，不妨仔細找找這本書，一定可以解答你的疑問喔！再度感謝這位鬼才發明家──尼古拉·特斯拉。閃問穿越記者會，我們下次見！

MONTREAL, Que
By ANNA KISSELGOFF
Avant-garde techniques, power and daring at a Montreal festival.

CHAPTER

2

讚讚劇場

NIKOLA TESLA

媽啊！怎麼有閃光！

OPEN

光明的孩子與他的神奇家人

1856 年 7 月一個雷電交加的風暴夜，在克羅埃西亞西部的小村莊，還是嬰兒的尼古拉·特斯拉（Nikola Tesla）才剛從媽媽的肚子裡來到這個世界上，他的啼哭聲伴隨著閃電和雷聲，讓這個夜晚顯得不太寧靜。一道紫色的閃電劃亮了天空，接生婆擰著她的雙手說：「這一定是壞兆頭，這孩子是黑暗之子！」特斯拉的媽媽不客氣回說：「你是傻了嗎？剛剛看到的是閃電，他可是光明的孩子！」

特斯拉的爸爸 米盧廷（Milutin Tesla）因為爺爺是軍人的關係，而

▲ 特斯拉出生的村莊，現在已成為科學展覽與紀念館。

接受軍事教育，後來卻接受上帝的召喚成為東正教的神父。米盧廷天生是個當神父的人才，有學識、口才好、人也幽默。他曾開玩笑說，如果某些經典書籍不見了，他可以像是吃了記憶麵包那樣，把它們全部背誦出來。

奇幻但痛苦的想像力

特斯拉的家裡養了很多動物，但他最愛一隻很黏人的黑貓。在三歲那年乾冷的冬天晚上，特斯拉輕輕摸著愛貓的背，突然起了一陣霹靂啪啦作響的火花。特斯拉的頭上冒出好多問號，爸爸告訴他：「這就是電，和你看到的閃電一樣。」特斯拉開始異想天開：「那大自然會不會是一隻巨大的貓？發生閃電的時候，是有人摸了它的背？是不是上帝？」

這種奇幻的想像力，卻沒有帶給特斯拉太多好處，特別是他從小罹患了一種奇怪的精神疾病，眼前經常出現伴隨眩目閃光的幻影，讓他看不清真實的事物、干擾他的思緒和行動。如果有人跟他說了一個詞──像是貓咪，那就真的有隻貓咪浮現眼前，讓他根本分不清這隻貓咪到底是真是假。

為了解決這些痛苦的問題，他只能強迫自己將注意力轉移到其他看過的東西，才能暫時緩解；但是要維持這種狀態，又不得不再想像新的景象。沒過多久，腦海中的影像就用完了。他只好一直擴大想像的範圍，並且開始在大腦中進行心靈之旅，探索新地區、認識新朋友，令人驚奇的是這些幻象和現實世界完全沒有分別。

特斯拉也因此有著一些怪異習慣。比如說他很討厭女生戴耳環，但手鐲卻沒問題。看到珍珠就頭暈，閃閃發光的水晶卻令他著迷。他不碰別人的頭髮、看到桃子會發燒，一小片樟腦就能讓他坐立難安。甚至走路時要算走了幾步、吃飯時要計算湯盤、咖啡杯的容量和食物的體積。

發明處女秀，釣蛙行動

特斯拉最喜歡的就是書了，總是偷溜進去爸爸的大書房看書。但爸爸一旦發現就會火山爆發，擔心特斯拉搞壞眼睛，還把蠟燭藏起來。但特斯拉可沒那麼容易放棄，收集牛油和燭芯，放在錫罐裡自製蠟燭。愛書的他，也開始透過閱讀，學習自我控制；將原本令人痛苦的想像力，運用在適合的地方。

有一次，特斯拉的玩伴得到了一個轟動全村的釣鉤和釣具。隔天，所有的小孩都跟他出去釣青蛙，但特斯拉卻因為跟他吵架而被丟下。特斯拉從來沒看過真正的釣鉤，但卻可以想像出釣鉤的樣子，並且動手製作，還釣到了一堆青蛙。反而他的玩伴雖然裝備更厲害，卻兩手空空！

特斯拉還把四隻金龜子黏在十字架上，再套到細木軸上帶動大圓盤，這些天生勞碌命的金龜子一開始飛就停不下來，直到另一位頑皮的男孩衝過來把金龜子津津有味的生吞下去，特斯拉目睹這麼噁心的景象之後，就再也不碰金龜子或任何昆蟲了。

在念完小學一年級之後，特斯拉全家就搬到附近的小城。這對他來說是場大災難，因為得和舊家的黑貓說再見。新家對他來說就像狹小、無生氣的監獄一樣，還好小學教室裡有些讓特斯拉眼睛發亮的機械模型，他開始動手製作水渦輪機，還在書中讀到尼加拉大瀑布而深深著迷。他告訴叔叔，總有一天要去美國利用尼加拉大瀑布的澎拜水力推動巨大渦輪。

▲ 特斯拉最後有沒有完成利用尼加拉大瀑布推動渦輪的願望，只要看到最後就知道了。

尼古拉 · 特斯拉紀念中心一日遊

特斯拉的出生地斯米連（Smiljan）後來被克羅埃西亞政府規劃成紀念中心。精美小巧的紀念中心，完整保留著特斯拉出生時的白色住家，各個建築物內還收藏著特斯拉的發明，以及相關科學展示。

朝聖行程這麼走

1 先到紀念中心入口買張門票：成人票換算約是 230 元新台幣，學生票和兒童票約是 90 元新台幣。

可以先在中心周圍走一走，感受特斯拉的研究靈氣！ **2**

在欣賞特斯拉各種發明前，別忘了帶上這本書喔！ **4**

3 別忘了到特斯拉家的門口前拍照打個卡！

5 進入特斯拉實驗館，體驗各種驚奇有趣的實驗展示。

6 最後是開開心心的回家，咦～

我不要當神父啦！

OPEN

物理 NO. 1，美術倒數 NO. 1

特斯拉在十歲時進入文實中學就讀，這所剛成立的新學校有許多有趣的科學玩具，像是電子和機械類經典科學儀器模型。老師也常常在物理課親自動手操作儀器和做實驗，這激發了特斯拉強烈的發明欲望。

除了物理課之外，他也很愛數學課，學業成績總是班上的 NO. 1 ！可是他對美術課卻很沒天分和耐心，坐著畫畫好幾個小時實在是絕對不可能。要不是班上還有幾個特別手拙的男生負責墊底，那他的美術成績一定倒數 NO. 1。

在中學畢業後，特斯拉意外生了一場大病，狀況危急到連醫生都兩手一攤表示應該要 GG 了。沒想到熱愛閱讀的他竟靠著書本救回了一命，而這本神奇的書是馬克・吐溫（Mark Twain）的小説。更神奇的是在 25 年後，他竟和馬克・吐溫成為好朋友；當特斯拉告訴馬克・吐溫過去的這段經歷時，馬克・吐溫還感動到噴淚！

後來特斯拉繼續升學、進入高中，並且寄住在阿姨家。姨丈是一位身經百戰的陸軍上校，在這裡特斯拉好像住在軍校一樣，過著紀律

▲ 特斯拉回憶到這所高中的物理老師激發他對物理的求知欲。

嚴明的生活，更慘的是阿姨準備的三餐異常精巧，讓正值青春期的他永遠吃不飽。

阿姨準備的伙食雖然高級，但是份量卻只有特斯拉食量的十分之一，像是早餐的火腿切到薄的透光。就連上校打算往特斯拉的盤子裡多放些食物，阿姨還會氣噗噗的迅速撥走，並且誇張的說：「他已經很撐了，這孩子是螞蟻胃。」

特斯拉只能眼睜睜的看著食物，肚子卻餓得咕嚕咕嚕叫。不知道是不是因為這樣，他只花了三年時間，就在 17 歲時以優異成績完成四年制學業而畢業。辛苦生活終於結束！但他卻也面臨人生的十字路口，思考下一步該往哪兒走？

我什麼都不要，只要讀書

從小到大，特斯拉的爸媽就滿心希望，特斯拉長大後能和爸爸和外公一樣成為神父。但特斯拉在高中物理老師的鼓勵下已經對電學充滿興趣，夢想成為工程師。老師常常用自己發明的東西向他們解釋物理定律，有次特斯拉看到老師做出會快速旋轉的燈泡，心頭簡直小鹿亂撞，心跳超過 100，覺得要跟電學談戀愛了！

特斯拉在小時候經常進行的心靈旅行，此刻更昇華成為創造發明的利器。因為他完全不需要實際動手做出任何模型，就可以在腦海中完整描繪出所有細節；在腦中不斷推敲各種可能的缺陷，直到解決所有問題後，才會真正動手製作出最後成品。這種超能力可比實驗更快速、更有效率，不當工程師實在是太可惜了。

這時特斯拉正準備長途跋涉回家展開家庭革命，沒想到卻接到爸爸的消息說先不用急著回家，可以去四處旅行好好慶祝。正當特斯拉覺得奇怪，幾天後才知道原來是因為老家爆發嚴重的霍亂疫情，爸爸希望他能暫時避避風頭。但他才不管這麼多，還是偷偷溜回去。沒想

到回家當天就感染了霍亂，在床上躺了九個月。

醫生認為特斯拉已經沒救，準備登出人生之際，爸爸臉色慘白的衝進房間安慰特斯拉：「兒子只要你恢復健康，什麼我都給你！」「如果爸爸讓我去念工程系，那我就會好起來！」爸爸一口答應：「絕對讓你念全世界最好的工程大學！」特斯拉聽到這句話病都好了一半，最後靠著一劑特效藥奇蹟似的康復！

大病初癒之後，特斯拉的老爸堅持要他花一年的時間進行戶外旅行，鍛鍊身體。於是特斯拉總是一身獵裝裝扮，帶著書遊走山林之間，身心也因此變得越來越強壯。旅行中，他的腦中不斷冒出許多超乎現實的發明，雖然有著 100 分的想像力，但對科學原理的知識卻還相當有限。

假期結束之後，爸爸也信守承諾，為他挑選了一所歷史悠久的頂尖大學 —— 奧地利的格拉茲理工學院（Graz University of Technology），並以全額獎學金進入大學。這對特斯拉來說簡直是夢想成真，他下定決心不能辜負爸媽。第一年，他每天都從凌晨 3 點苦讀到晚上 11 點，週末假日也不休息。那年他通過了九門學科考試，教授認為他的表現超越滿級分。

他驕傲的帶著這份優異的成績單回家，準備和爸媽分享。沒想到爸爸卻對他拼命博得的榮譽顯得冷漠，這讓特斯拉覺得好受傷。直到後來爸爸過世之後，他才發現學校寄給爸爸一堆信，希望他們快把孩子帶回家，否則他會因為用功過度而沒了小命。

竟然還有比讀書更重要的事

回到學校，特斯拉一頭鑽進物理學、力學和數學的世界裡，每天都待在圖書館瘋狂讀書。而且他有種強迫症，無論做什麼事情，只要一開始就不能中斷，直到結束為止，這往往帶來意外的麻煩。像是有次他開始閱讀伏爾泰的著作，讀到一半才發現所有著作將近一百本，每本書還都用超小字體印刷而成！但自己也不服輸，一口氣讀完這些書。

第二年，學校收到了一臺來自巴黎的格拉姆發電機，教物理的波希爾（Jacob Poeschl）教授把它當成馬達操作示範時，電刷整流器竟然發生故障，火花四射。特斯拉靜靜觀察後提議，或許可以設計出不需要整流器的馬達，結果教授酸道：「特斯拉先生或許將來會很有成就，但顯然他永遠做不出這種馬達。」這反而激起了特斯拉的雄心壯志，不停思考要如何做出不會迸出火花的馬達。

不過後來發展卻沒有走向特斯拉腦海的設計藍圖，他在大三時迷上了賭博，輸光獎學金和學費。沒錢的他無心念書、也沒參加考試，還沒拿到畢業證書就被退學。特斯拉覺得沒有臉回家，於是隱瞞退學，偷偷跑到另外一個城鎮打工維生。過了大半年，特斯拉的爸爸終於打聽到兒子的下落，但他還是不肯跟著爸爸回去。隔年他因為行乞而被警察逮捕押回家，不到一個月，他的爸爸就因為中風過世。

特斯拉傷心之餘，決心要力圖振作，有兩位好心的親戚湊了一筆錢，資助他到布拉格的另一所大學就讀；但陰錯陽差，他竟沒有趕上註冊的期限，只能在大學旁聽。因為自己的教育費花掉家族留下的一大筆錢而感到相當愧疚，決定要找工作，卸下長輩重擔。就在這個時候，一個大好機會出現了！美國裝設電話的風潮剛好傳到歐洲，匈牙利決定要在布達佩斯裝設電話系統，而且剛好電話公司的負責人，正是特斯拉父親的好友普斯卡。

▲ 格拉姆發電機是由比利時科學家 齊納布·格拉姆，所發明的第一台商業用的直流發電機。透過這個發電機讓很多實驗和工業不再依賴伏打電堆。

賣肝工作，衝衝衝！

OPEN

黑夜中的蝙蝠

特斯拉到了匈牙利的布達佩斯，希望能在老爸的好友普斯卡兄弟底下找到一份工作。提瓦達·普斯卡（Tivadar Puskas）有著發達的生意頭腦，先是說服愛迪生讓他將改良設計的電話引進歐洲，接著又在布達佩斯建造電話交換機。然而可惜的是，他們當時無法立刻雇用特斯拉，更糟的是特斯拉在等待工作的期間，罹患了嚴重的精神衰弱。

蒼蠅在房間桌上看似無聲飛落，但特斯拉的耳朵卻像聽到打雷一樣轟隆作響。三個房間以外的鐘錶滴答聲，不但聽得一清二楚；幾公里外的馬車達達聲，更讓他的全身顫動不停。就連幾十公里外的火車汽笛聲，都可以讓他感受到椅子劇烈搖晃。

即便是安靜無聲的黑暗，特斯拉就像蝙蝠一樣，感官變得極為敏銳。當他額頭感覺好像有好幾隻小蟲在蠕動時，就疑神疑鬼的覺得四公尺外正有什麼東西出沒。他的心跳有時慢、有時飆高，無法控制的心律使得身體的所有部位都在抽搐，痛苦不已。面對這種情況，醫生也只能提供大量的鎮定劑，束手無策的宣告此人無藥可醫。

還好特斯拉的大學時代好朋友席吉蒂（Anthony Szigeti），將他從精神衰落的泥沼一把拉起。席吉蒂是個熱愛運動的陽光少年，他鼓勵特斯拉每天傍晚出去散散步，恢復體力。沒想到特斯拉的怪病就這樣奇蹟似的復原。席吉蒂不僅救他一命，甚至還在特斯拉最重要的發明——「交流電馬達」中，間接幫了一把。

有次席吉蒂和特斯拉一起在公園邊散步、邊背誦詩歌。這天夕陽才剛西沉，特斯拉隨口背起歌德的小說《浮士德》裡的文句。突然間，特斯拉就突然像是被雷劈中一樣大叫起來：「哇！我想到了……就是這樣……這麼一來就可以用交流電產生旋轉磁場！」他馬上拿起樹枝在沙地上畫出腦中浮現的設計圖，令人驚訝的是這設計圖如此清晰。「你看，這裡是馬達。注意看囉！我要把它反轉了！」

六年後，他在美國電機工程師學會發表公開演講時，也畫了一張和這時一模一樣的設計圖。只不過當時正在散步的特斯拉，還不知道要如何實現這種技術，只好將電光石火的喜悅先存放在腦中的資料夾，耐心等待能力成熟的那一天。

不久之後，特斯拉得到匈牙利中央電報公司的製圖員工作，後來轉向負責與新設備相關的設計工作。緊接著，普斯卡在布達佩斯成立第一家電話公司之後，他就受雇擔任中央電話局的總工程師——這個更適合他的工作。普斯卡非常欣賞他，為他寫了一封推薦信給位在巴黎的歐陸愛迪生公司，然而這份幸運卻就此開啟了特斯拉與愛迪生之間的電流之戰。

太陽西沉，退隱，白晝就此完結。
它奴奴離去，去催促新的生命。
喔，竟沒有翅膀把我從地面升起，
永遠永遠去把地追隨！

浪漫花都，意外爆炸

　　不料特斯拉才剛到巴黎，就陷入浪漫的花都風情。充滿魅力的城市總是讓特斯拉的錢包大失血，每個月的薪水才剛到手就馬上花光光。普斯卡問他在巴黎的生活過得如何？特斯拉是這麼回答的：「每個月的最後二十九天是最難熬的日子！」

　　特斯拉在巴黎過著非常悠閒的生活，每天早上都會從馬賽林蔭大道的住處走到塞納河畔的游泳池，跳進水裡來回游 27 次；然後再走一小時到公司的工廠。到了七點半，他會吃一頓豐盛早餐，之後就滿心期待午餐的到來，同時他會為

　　愛迪生的好朋友和助手——巴奇勒（Charles Batchelor）經理解決問題。

　　接下來的幾個月，特斯拉被公司派去出差，在法國和德國的電廠間來回奔波，解決各種棘手難題。一回到巴黎，宛如工作狂上身的他，主動向公司提出了改善直流發電機的計畫，又接著投入開發自動穩壓器。

　　工作似乎一個接著一個，麻煩也是！德國皇帝威廉一世在史特拉斯堡市火車站落成致詞時，歐陸愛迪生公司承包的照明設備發生故障，引發短路爆炸。幸運的是只炸毀一大片牆壁，皇帝威廉一世也只受到驚嚇而已，但這已經讓德國官

▲ 特斯拉總是每天早上在美麗的塞納河畔來趟晨泳

員和公司員工心臟差點停止。可憐的特斯拉剛好精通德語、能力又強，最重要的是資歷夠菜，當然作為替死鬼前往德國收拾爛攤子。

電流竟然反覆無常

特斯拉在德國的工作並不太順利。有一次他只是要在走廊裝一顆白熾燈泡，負責拉線水電工就説要先和工程師討論；找來工程師後，又説要通知督察才能確認。督察到達之後，好不容易確認好特斯拉所選的位置；督察卻告訴特斯拉，最好要知會資深督察，但這已經是好幾天後的事了。

特斯拉原本希望這齣鬧劇可以快點落幕，沒想到資深督察又説：「我們還有個上級官員，沒有他的允許，我可不敢任意下令安裝這顆燈泡。」特斯拉氣到要翻桌，但也只能安排日期恭迎這位大人物蒞臨指導。

當天一大早全體就動員大掃除，每個人也都穿上正式服裝，特斯拉甚至還戴上手套，只為了隆重歡迎這位大人物以及……一大群隨

扈。終於經過兩個小時的深思熟慮，官員突然宣布他有要事得先離開，然後緩緩指向天花板某處，命令特斯拉把燈泡裝在那裡——那就是特斯拉一開始挑的位置。

特斯拉的德國生活就在這種反覆無常中過去，好不容易撐過一年，終於完成任務。特斯拉又興奮又期待的回到巴黎，因為先前公司答應只要完成任務，連同之前的發電機計畫成果，會提供他一筆優渥的獎金。沒想到公司高層互踢皮球裝傻，什麼都落空的他只想離開巴黎。因此，當巴奇勒問他要不要去美國，直接幫愛迪生工作時，他沒想太多，決定給自己一個機會碰碰運氣！

▲ 特斯拉在德國工作時，也是個斜槓青年。在火車站對面租來的工作室設計了全世界第一部三相感應馬達，只可惜沒有人願意出資贊助，特斯拉的發財夢只得再等等。

偶像愛迪生竟是慣老闆！

OPEN

粗魯的紐約

　　特斯拉決定放手一搏，遠赴美國為愛迪生工作。沒想到他一抵達巴黎火車站，不但發現火車已經啟動，更糟的是行李、旅費和船票全都被洗劫一空。心情好煩的特斯拉沒時間多想，先登上月臺開往加萊港的列車再說。到海港後，幸好天賦異稟的特斯拉能夠完整背出船票號碼，他的臥鋪也確實沒有其他人，郵輪公司就通融他登上賽塔妮雅號郵輪，雖然船上的食宿都預先付款，但他口袋裡只剩下一些零錢，只好穿著同一套衣服橫越大西洋。

　　1884 年 6 月 6 日，特斯拉總算抵達紐約港，那是個天氣晴朗的星期五，他的口袋裡捏著一位朋友的地址和巴奇勒的介紹信。特斯拉從文化藝術氣息的巴黎初到美國，對喧鬧狂亂的紐約第一印象並不太好。他向無禮粗曠的警察問路後，往朋友家走去。剛好路上遇到一位站在電動馬達旁氣急敗壞的商店老闆，特斯拉輕輕鬆鬆修好馬達，老闆高興到直叫他隔天來上班，但特斯拉拒絕了，說他要去為偶像愛迪生工作，於是老闆慷慨的給了他 20 美元作為報酬。當時勞工的每日平均薪資是一美元，而高級工程師週薪也才

▲ 位於紐約第五大道 65 號的愛迪生公司總部。

18 美元，這讓特斯拉第一次嘗到新世界富裕的味道。他在朋友家中好好休息了一晚之後，隔天就前往位在第五大道 65 號的愛迪生公司總部。

初見偶像、初接任務

特斯拉在豪宅後方一間凌亂的辦公室見到了 37 歲的愛迪生（Thomas Edison），初次與偶像見面的他激動萬分，而愛迪生早就聽聞巴奇勒是如此誇讚這位年輕人，他拿起巴奇勒為特斯拉寫的介紹信，上頭寫著：「我認識的偉人有兩位，一位是你，另一位就是這位年輕人。」

特斯拉的第一項工作就讓愛迪生刮目相看。當時愛迪生公司在奧勒岡號郵輪上安裝了電力照明系統，但發電機卻失靈，讓郵輪無法如期啟航。公司員工評估故障狀況後，認為要把發電機運回工廠才有辦法修理，但體積龐大的發電機是直接在船上建造完成，很難拆下來運走，這讓愛迪生氣得頭頂冒煙。

然而就在當天晚上，特斯拉悄悄的帶著工具上船，先檢查是主線圈線路故障，緊接著熬夜工作，終於讓照明系統恢復運作。隔天清晨五點，他沿著第五大道走回公司時，剛好遇到愛迪生一行人，不知情的愛迪生還開玩笑說：「喲！我們的花都浪漫小子去哪玩了整晚！怎麼沒睡飽的樣子！」特斯拉平靜的告訴愛迪生說：「那個……老闆……我是剛從奧勒岡號下船，而且修好那臺發電機……」愛迪生只能愣住點點頭，走了一段距離後才回神說出：「真是不簡單！」

▲ 當時愛迪生所建造的發電機異常龐大（單一個組件就有一個人這麼高），只能在船上建造與維修。不過奧勒岡號郵輪也成為第一艘裝有愛迪生燈泡的船隻。

愛迪生的電力照明公司當時運用的是直流電發電機，這種發電機有不少問題，特別是它的供電範圍不到一公里。特斯拉就曾和愛迪生討論過他念念不忘的交流電設計，他告訴愛迪生若是改用交流電，就能突破直流電設備的距離障礙。但愛迪生對交流電一點興趣也沒有，他認為交流電沒有發展前途又危險。

直流電發電機的另一個問題是產生的電力只足以供應一個家庭，如果需要大量的電力就需要同時連結好幾部發電機，但愛迪生沒有受過太多高等教育和專業知識訓練，他多是靠不斷的實驗測試，以土法煉鋼的方式找出答案，也因此他不知道該怎麼做才能讓每個發電機的電脈衝同步運作。在龐大的照明系統中，電脈衝協調不良會讓電燈閃爍或發生短路。巴奇勒當然很清楚善於結合理論與實務的特斯拉能解決這個難題，而且也看過他的自動發電調節器設計圖——這正是愛迪生所需要的。於是愛迪生告訴特斯拉，如果能解決問題，就給他五萬美金的報酬（相當於現在的 100 萬美金）！

二見嘔像，我不玩了

五萬美金可不是筆小數目，好傻好天真的特斯拉並沒有從巴黎被人騙的經驗學到教訓，他迫不及待的接受挑戰，從每天一早工作到隔天凌晨，就這樣不眠不休長達一年後，不但解決問題，還加碼發明了 24 項不同用途的設計，和一個原創控制系統。愛迪生非常開心，馬上為這些設計申請專利，還大量生產機器。

特斯拉心想任務總算完成，也差不多該領獎金了，應該只要簽幾份文件，錢就會轉到他的帳戶了吧，心想終於可以有自己的實驗室，開發早就構思好的交流電馬達！於是他敲了愛迪生辦公室的門，沒想到愛迪生對他大聲咆哮：「沒有人這樣啦，我們美國人的幽默，你不懂啦！」其他員工看不下去，至少也幫特斯拉加薪也不為過吧，沒想到連這個建議也被巴奇勒斷然拒絕。這兩位慣老闆翻臉不認帳，讓特斯拉拳頭都硬了，已經被愛迪生公司騙了兩次，沒有再下次了，直接打包行李辭職走人。

特斯拉和愛迪生的個性天差地遠。特斯拉自認是歐洲紳士，受不了邋遢的愛迪生，也覺得他是個笨蛋。「愛迪生做事就像在乾草堆裡找一根針，只會檢查每一根稻草，直到找到為止……沒效率的方法就像大海撈針全碰運氣。而我知道只要用一點理論及計算，就可以節省他百分之九十的工作。」而愛迪生說特斯拉是個「科學詩人」，想法非常好，但是完全不切實際。

離開愛迪生公司後，特斯拉決心學習美國人的經營模式，要實際一點，先賣出實用的東西讓自己成名，再吸引投資人出錢讓他做真正想要的東西。於是他成立了「特斯拉電燈與製造公司」，設計不會閃爍的電弧燈，和更好的發電機來為電弧燈發電。

事業一開始似乎很順利，他在1886 年年初陸續得到幾項專利：電動發電機整流器、電弧燈、電動發電機穩流器……等。那年秋天，特斯拉向合夥人提出要開發他夢想中的交流馬達與電力系統，沒想到特斯拉翻到的命運總是爛牌，他的合夥人決定騙取特斯拉的專利，並將他趕出這個公司。

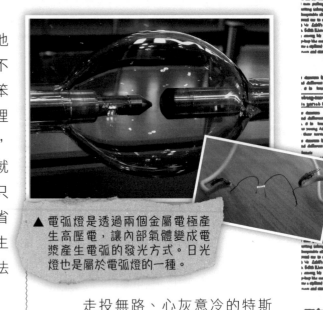

▲ 電弧燈是透過兩個金屬電極產生高壓電，讓內部氣體變成電漿產生電弧的發光方式。日光燈也是屬於電弧燈的一種。

走投無路、心灰意冷的特斯拉，有好多時候都不知道下一頓飯有沒有著落，無奈放棄夢想，先找了一份日薪 2 美元的工地工作。但他有嚴重的潔癖、厭惡灰塵，實在無法適應。這位孤僻的外地人每天大肆批評當紅炸子雞愛迪生，像個瘋子一樣說著自己的發明遠比愛迪生的電力照明系統更厲害。就這樣過了一年，有一位工頭無意間聽到特斯拉的抱怨，把特斯拉介紹給他的朋友——西聯電報公司的高級工程師艾弗瑞·布朗（Alfred Brown），和著名的律師兼發明家查爾斯·佩克（Charles Peck），就此扭轉了特斯拉的命運！

電流大戰，開打！

OPEN

幸運雙男神降臨

特斯拉的命運終於彎道大超車、出現希望的曙光。好老闆布朗與佩克在 1887 年 4 月成立了特斯拉電力公司，不但付給特斯拉月薪 250 美元——這比原先週薪 18 美元優渥多了，還可以擁有公司一半股份、以及關鍵決策權。

他在自由街建立自己的第一個實驗室，把當年救了他一命的好友席吉蒂從歐洲找來擔任工程師，開始建造他在布達佩斯市立公園沙地上畫出的交流電馬達。這台機器已經在特斯拉的腦海中醞釀了六年之久，如今終於夢想成真。組裝完成的機器完美的運作，就跟他當初想的一模一樣！他還記得當初對懷疑的席吉蒂說的話：「以後不再會有受奴役的勞工，我的馬達將解放人類，造福世界。」

以往當交流電的電流改變方向時，需要用整流器和電刷把交流電轉換成直流電，才能持續推動馬達運轉。但特斯拉想出一個絕妙的解法，他使用兩組不同步的交流電，當第一道電流改變方向，電樞正要跟著改變方向而停止運轉時，第二道電流會在此時讓電樞重新照原本的方向轉動，如此周而復始，電樞就能持續穩定的轉動，馬達也因此保持運轉。1887 年底，距離特斯拉電力公司成立才不過幾個月的時間，特斯拉就已經為他發明的交流電系統和感應馬達申請了 40 項專利。

電學大大換人做

年輕的湯瑪士·科莫夫·馬丁（Thomas Commerford Martin）不但是美國電學界重磅專業期刊《電學世界》的編輯，還是美國電

機工程師協會的主席，在電學界中非常具有影響力。他在偶然的機緣下，造訪了特斯拉的實驗室，非常欣賞特斯拉的新發明，知道這絕對能為電力工程開闢新疆界，因此決定要為特斯拉好好安排，讓全世界為特斯拉的交流電系統而著迷。

首先，他要讓電學界的權威人士認可和背書特斯拉的系統，於是安排了康乃爾大學電力工程系的著名教授威廉·安東尼（William A. Anthony）與特斯拉會面。安東尼教授仔細觀察了特斯拉的機器後，興奮的直說：「我根本看不出來是怎麼做到的，這裡面竟然沒有整流器……，這結果太棒了！」特斯拉的名聲立刻在電學界流傳開來，馬丁和安東尼教授建議特斯拉要趕緊準備成果發表講座，以建立他在電學界中的地位。

1888 年 5 月，特斯拉在美國電機工程師協會發表演講，介紹他的交流電系統。另一位知名的電學發明家伊萊休·湯姆森（Elihu Thomson）在演說結束時酸溜溜的祝賀特斯拉發明了嶄新且令人敬佩的「小」馬達，還說：「或許你也知道我在做類似的研究，結果跟你差不多啦，只是我用的是單一的交流電路，需要配合整流器……」

特斯拉客氣的回答：「能得到像湯姆森教授這麼德高望重的前輩祝賀，實在讓我受寵若驚，我的馬達確實與您的『差不多』，只是我多了『一小步』。您的馬達弱點很明顯，採用電刷會讓電樞線圈短路……」馬丁這時為了避免尷尬趕快打斷討論，但在場的電學家可都意識到「電學界的風向變了！」——特斯拉將成為新的電力巨人，他們先前的成就和努力只能黯然失色。特斯拉的研究成果隨後發表在最頂尖的工程期刊，成為電學研究的里程碑。這場演講吸引了另一位發明家喬治·威斯汀豪斯的注意。

INVENTIONS, RESEARCHES and WRITINGS OF NIKOLA TESLA

▲ 特斯拉的電學聖經

這位馬丁不但是特斯拉的貴人，後來也幫特斯拉出版了一本書《尼古拉·特斯拉的發明、研究和寫作》。這本書集結了特斯拉到 1893 年的研究工作，內容詳細解說各種發明原理，以及精美的儀器插圖，是當時電學工程界人手一本的聖經。

電流大戰，正式開打

威斯汀豪斯是一位勇敢又精力充沛的發明家和企業家，他與愛迪生的年齡相仿，靠著氣閘和鐵路號誌建立起商業帝國。他先是在 1884 年聘請電學家威廉・史坦利（William Stanley），企圖進軍電力界。威斯汀豪斯在閱讀《工程學》期刊時，發現文章介紹的交流電系統非常有趣，它能夠利用變壓器將高壓電降低為低壓電，用這種方式來輸送電流或許能引發電力工程的新革命。

1886 年，史坦利成功安裝交流電系統，利用發電機產生高壓的交流電，輸送後經過變壓器減壓到適合一般家庭使用的低電壓，再也不必因為直流電輸送距離的限制，而在城市裡建起一座座又吵又髒的

我可是比愛迪生更識貨！

▲ 威斯汀豪斯成立西屋電氣公司，不過後來在 1999 年被併購。現在聽到的西屋電器產品，也不是威斯汀豪斯當時所創立的公司。

發電站。威斯汀豪斯異常低調，但這個系統卻很快的吸引眾人目光，得到了大筆訂單。

這讓愛迪生氣壞了，竟然有人膽敢染指他的電力王國。此時不幸換罩在愛迪生身上，直流電系統所需要的銅，此時正受市場壟斷而使價格飆高；而威斯汀豪斯的交流電系統用銅量僅需直流電系統的三分之一。腹背受敵的愛迪生奧步盡出，先假意向死刑委員會建議改用交流電機器執行電刑，來取代野蠻的絞刑；還出版了一本冊子《警告！》，攻擊威斯汀豪斯的交流電系統，宣稱：「交流電系統是冷血殺手，高壓電會危害生命，而愛迪生發電機的電流非常安全。」

交流電事業正在起步的威斯汀豪斯，一聽到特斯拉的演講，像是伯樂遇到千里馬，隔天就拜訪特斯拉的實驗室，並支付天價的 100 萬美元機器預付款，以及每一馬力一美元權利金，買下交流電馬達專利。特斯拉也加入威斯汀豪斯在匹茲堡的工程師團隊，但一年後就因為與同事相處不來，而回到紐約的小實驗室。

一向孤僻的特斯拉現在荷包滿滿，能夠隨心所欲的做著自己喜歡的發明工作。突然受到眾人矚目的他性格大轉變，踏入上流社會的社交圈；在結束每天辛勤工作後，就改換上晚禮服參加豪華晚宴，也邀請社交名流到他的實驗室，欣賞一場賓主盡歡、聲光效果十足的電力秀。

就在特斯拉享受生活的同時；愛迪生陣營卻暗自籌畫著陰謀，資深工程師哈羅德‧布朗（Harold Brown）不擇手段，為了宣傳交流電的危險性，著手進行慘無人道的實驗，不僅公開以交流電將狗和其他動物電死，甚至還將狗屍照片寄給報社，製造恐慌。

電流大戰一路延燒。1888 年12 月的《紐約時報》，威斯汀豪斯投書說布朗領的是愛迪生的薪水，當然會以這種骯髒的手段阻止交流電系統發展，根本和科學或安全無關。但愛迪生和布朗仍不罷手，在不斷遊說下，死刑犯威廉‧凱姆勒（William Kemmler）成為第一個坐上電椅被交流電處刑的人，行刑過程恐怖萬分。不過，這些不

入流的手段並沒有阻止交流電系統前進的腳步，在凱姆勒遭電刑後不到一年，交流電早已成為家庭用電的主要系統。

驚爆頭條

凶殘交流電，你敢用！？

根據專家解釋，家中如果安裝交流電……下場……具有風險……安全無法保證……

用來處刑的黑心交流電，溫暖的家絕對不可以使用！

實驗室慘遭霹靂火，交流電大獲全勝！

OPEN

時尚、專業的奢華工程師

　　1889 年，特斯拉搭船前往法國，參加巴黎博覽會的電力展。五年前他口袋空空飄洋過海，還想著替偶像愛迪生工作，沒想到在這短短五年之中，共事的美夢已經成空，對方竟是令人厭惡的「嘔像」。他趁著這趟歐洲之旅訪問了許多著名的電學家，順道與媽媽、姊姊和姊夫團聚。

　　回到紐約後，處於人生巔峰的特斯拉，穿著最時髦的訂製服裝、入住紐約歷史最悠久高級的華道夫飯店。每天都在美國最昂貴的德莫尼科飯店吃晚餐，他總是把 18 張餐巾紙整齊的疊在桌上，仔細擦拭每一支銀製餐具，以緩解他的細菌恐懼症。特斯拉的奢華生活並沒有影響他對電力的癡迷，仍然維持著每個星期熬夜工作七天，每天只休息五個小時的研究生活。

▲ 沒想到跟對人的特斯拉就此翻身，但奢華的飯店生活還攔不住特斯拉對電力研究的癡迷。

正當交流電系統勢如破竹橫掃市場之際，威斯汀豪斯卻因為公司擴張太快，而面臨財務危機，他不得不前往特斯拉的實驗室，拜託特斯拉放棄專利的權利金。浪漫的特斯拉誠懇向他說：「你一直是我的朋友，當別人不相信我時，只有你信任我；當別人退縮時，你毫不遲疑的資助我。對我來說，我的發明能對社會有益，這比金錢重要得多。這是你的合約，也是我的──我會把它撕毀，你永遠不會再有權利金的問題了。」懷抱理想主義的特斯拉犧牲自己的鉅額收益，拯救了當初慧眼識英雄的威斯汀豪斯。

同時間，特斯拉一頭埋進了高頻率交流電的領域，馬丁再次催促他發表演講、公開最新發明。1891年 5 月 20 日，特斯拉又在美國電機工程師協會舉辦講座，這次的演講和三年前一樣迷惑了滿場的電學家。消瘦蒼白的特斯拉身穿燕尾服，手拿沒有連結任何電線或機器卻閃閃發光的無線燈泡，風采彷彿是高舉火炬的自由女神，他精采絕倫的表演不時被觀眾的掌聲打斷。

▲ 第二場美國電機工程師協會講座依然擠入滿場電學家，大家著迷於特斯拉的驚人研究。

特斯拉說：「總有一天我們能輕易的從宇宙中取得永不枯竭的能源，這麼一來人類社會就會大步前進……」媒體記者在報導中寫到：「一場最精彩且最令人難忘的講座……特斯拉讓自己脫穎而出，立於世界偉人之列」。

電流大戰邁入巔峰

1892 年，威斯汀豪斯的西屋公司打敗了愛迪生公司，取得隔年芝加哥世界博覽會照明系統的供電合約。特斯拉和威斯汀豪斯主導的交流電系統在 1893 年 5 月 1 日博覽會開幕的那天，點亮了會場的近十萬顆燈泡，讓芝加哥成了光亮的白色之城。

　　展覽期間，特斯拉發明的「哥倫布雞蛋」隨著多相交流電創造出的旋轉磁場，飛快的轉動，充分娛樂了兩千七百多萬名博覽會觀眾。特斯拉更讓 25 萬伏特交流電通過他，儘管火焰吞沒了他的身體，但仍直挺挺的站著。最後在電流的亮光熄滅之後報以優雅的微笑，現場的觀眾爆出猛烈的歡呼和鼓掌。芝加哥世界博覽會圓滿閉幕前三天，西屋公司趁勝追擊，和奇異公司聯手取得尼加拉瀑布電力公司的發電廠建造權。

　　同一年底，馬丁引薦特斯拉進入光環雲集的紐約名人社交圈，各大報紙雜誌，也陸續刊出介紹特斯拉的專文，盛讚特斯拉是「最傑出的電學家」、「比愛迪生更偉大」、「電力的未來」、「盛大的勝利」，並透露了特斯拉近來沉迷的最新研究領域──無線傳輸資訊和電力。

見證最後勝利

　　特斯拉的無線電研究進展的相當順利，他在 1894 年成功組裝了小型的手提式收音機轉播站，所成立的尼古拉・特斯拉公司，吸引了

▲ 芝加哥世界博覽會是於 1893 年 5 月 1 日至 10 月 3 日在美國芝加哥舉辦。在這廣大的展區中，共有 19 國參加、2750 萬人參觀。而特斯拉和威斯汀豪斯的交流電系統，完美的點亮會場裡近十萬顆燈泡。

▲特斯拉的哥倫布雞蛋，銅製的雞蛋因為底座的旋轉磁場，完美旋轉站立，迷惑了參觀者的眼光。

無數的投資者撒錢加入。沒想到，災難就在毫無預警之下降臨，隔年一場爆炸大火把特斯拉實驗室所有的電力實驗設備和重要文件燒了個精光。

　　眼前的影像讓特斯拉盯著廢墟不斷喃喃自語：「這不可能是真的，我什麼都沒有了……」發電機、振盪器、馬達、真空燈泡、珍貴的實驗紀錄和往來信件，最重要的是他最近才研發出的無線電收音機發射器與接受器。

　　雖然損失慘重，但特斯拉並沒有因此一蹶不振，他在朋友的鼓勵下重整旗鼓、東山再起。也是在那一年，全球第一座交流電水力發電廠於尼加拉河正式啟動運轉，發電系統的每一個部分，都是根據特斯拉的專利設計建造，他終於成功實現了 30 年前向叔叔誇下海口的夢想——總有一天他要去美國利用尼加拉大瀑布的澎拜水力推動巨大渦輪！隔年他和西屋來到尼加拉大瀑布，記者包圍住他們，詢問是否有把握能將交流電長途運輸到 40 公

▲發電廠內的巨大發電裝置，象徵著特斯拉電流大戰的巨大勝利。

里外的水牛城，特斯拉激動的雙手比劃：「當然，這一定會成功的！」

　　1896 年 11 月 16 日的星期一凌晨 0 時 1 分，尼加拉電力公司的交流電經由 40 公里長的電纜線送到水牛城，遠距離輸送交流電真正成功了！數百位達官貴人、科學家、資本家全都出慶祝宴會，全場起立歡呼，迎接讓這一切成為可能的夢想家——特斯拉。電流大戰到此正式結束，特斯拉和威斯汀豪斯的交流電取得最後勝利！

掛羊頭賣狗肉，研究大崩盤！

OPEN

不要騙我，這是玩具船吧

在尼加拉電力公司成功後，特斯拉把研究重點轉向高電壓和高頻率的電力學。他在 1897 年建造了用來傳輸無線電訊號的大型無線電站，涵蓋範圍達 40 公里，又在休士頓街新建的實驗室製造出 400 萬伏特的電壓。他希望最終能完成無線傳輸通訊及能源的夢想，但這遠遠超出同時代資助者的想像，所以在籌措資金時遇上不少困難。還好特斯拉靠著他的三寸不爛之舌，終於說服了幾位富有的朋友贊助他數萬美元，讓他完成最新的驚人發明。

特斯拉在隔年的電氣博覽會上展示他的最新研究，聽眾都是有機會掏錢投資特斯拉的百萬富翁，但會場裡卻只有一個大水池，水池裡漂著一艘長 150 公分、寬 90 公分的玩具船。特斯拉說道：「這可不是艘普通的玩具船，它的名字叫『電子自動機』，我用手中的遙控器，就能讓船前進、轉彎、開燈、關燈。我的最新發明就是多頻道廣播系統和電子遙控技術，這是全世界第一個機器人，以後繁重的勞動都交給它們，我們人類就可以輕鬆了！」可惜這些百萬富翁認為這種

◀ 特斯拉原本打算將這艘電子自動機，賣給軍方當作遙控魚雷。可惜想法太過先進，機械技術上也還沒有很成熟，以至於爭取不到任何經費。

自動裝置沒什麼實際用途，紛紛無情轉身離開。

浪費又任性的玩具塔

特斯拉只好將研究重點回到無線電訊號傳輸，力勸他的好友約翰·雅各·阿斯特四世（John Jacob Astor IV）贊助他完成偉大的電力夢。但阿斯特實際多了，他說：「不要衝動～我們先來做振盪器和冷光好了。如果成功，我就會投資更多的錢。」阿斯特先購買了特斯拉公司 3 萬美元的股票，沒想到特斯拉一拿到錢就馬上忘了這些無聊的承諾，回頭繼續埋首他鍾愛的電力研究。

這時另一位好友李奧納德·柯蒂斯（Leonard Curtis）更「幫忙」讓特斯拉的路線越走越歪。柯蒂斯在科羅拉多泉開電力公司，提供免費的土地和電力建造實驗室。特斯拉開心的馬上運送電力設備來到這座可愛城鎮。柯蒂斯熱烈歡迎這位電學奇才大駕光臨，邀請他入住阿爾塔斯維塔飯店，每天早上會有 18 條乾淨毛巾準時送到這間能夠遠眺洛基山脈的的 207 號房。

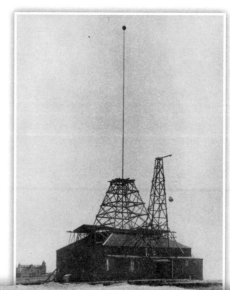

▲ 這座巨大的變壓器，和實驗室裡的電光石火，不僅燒完阿斯特的資金，也似乎預告著特斯拉走向不幸的命運。

特斯拉告訴當地的記者，他目的要建造最強大的電力發射器，將能量傳輸到大氣層，研究地球與大氣是否會在某個特定的頻率共振，實現無線傳輸能量。特斯拉在草原上建造了一座巨大的天線，40 公尺高的天線上有個直徑不到 1 公尺的銅球，這座「放大變壓器」能夠產生一億伏特的電壓。1899 年 7 月 3 日，一場科羅拉多泉常見的強烈雷雨讓特斯拉獲得重要的進展：「我觀察到了駐波……，這代表未來我們再也不需要電纜線，就能將電報訊息傳送到任何距離，也能毫無損失的傳輸能量到任何地方。」

這項研究持續進展，產出了四項電力無線傳輸的新專利，他的實驗室裡也飛舞著藍色的火花和閃電，甚至燒斷了當地的發電站。很快的，特斯拉也把阿斯特給的資金燒光，不得不中斷令他著迷的實驗，回到紐約社交界參加沒完沒了的宴會，好找到投資人贊助他。

阿斯特對特斯拉隨意更改研究內容非常生氣，不願意繼續灑錢。特斯拉為了吸引新的投資人，在《世紀》雜誌刊出一篇 60 頁的冗長文章，大力鼓吹他在科羅拉多泉的研究：「絕對沒錯！不必接電線就能和世界任何地點通訊！」內容甚至還提到了 50 年後才被發明出的電視。隨後更聲稱曾在科羅拉多泉接收到來自太空的無線電波，還與火星人有過接觸。

這時特斯拉的高傲與胡言亂語招來電學同行抨擊，沒想到華爾街金融家摩根（John Pierpont Morgan）的 28 歲女兒安妮卻對特斯拉情有獨鍾。特斯拉趁機說服摩根支持他完成電力傳輸的「全球系統」，但摩根只對電報系統感興趣，於是借給特斯拉 15 萬美元發展全球電報系統。

特斯拉靠著這筆錢在長島買下一塊 80 公頃的土地，開始建造巨大的沃登克里弗塔，近 60 公尺的高塔有著巨大的圓形屋頂，塔的下方有一根近 40 公尺的柱子穿進地下，還有 16 根鐵管通往更深的 90 公尺地底，牢牢抓住地球。但也就在特斯拉忙著建造這座神祕之塔的同時，義大利工程師馬可尼（Gugliemo Marconi）搶先在 1901 年 12 月成功的用無線電傳送了一個字母「s」到大西洋彼岸，轟動全世界。

然而特斯拉還需要更多錢才能蓋完這座神祕的電塔，他要求摩根再掏出 20 萬美元。摩根認為馬可尼只花了一點錢就成功，那

▲ 馬可尼利用簡易的設備，成功完成無線傳輸訊號，這記重拳直接讓特斯拉無法翻身。

他為什麼還要多花這麼多錢呢？特斯拉解釋：「馬可尼算什麼！我的巨塔才不是為了那小小的電報，而是個巨大的發射機，我將能利用無線通訊技術和廉價電力來產生跨越地球的巨大能量，造福全人類！」摩根被澈底激怒，斷然拒絕特斯拉。

更巨大的塔、更破敗的結局

在沒有額外資金下，特斯拉也只能停止計畫，被迫在隔年拆光科羅拉多泉的實驗室，賣掉還有剩餘價值的所有物品。家產散盡的特斯拉失去紐約上流社會支持，開始出現精神耗弱的現象。急需金錢的他開始推銷無葉片渦輪機，可惜這並沒有讓他鹹魚翻身。

1909 年的諾貝爾獎對特斯拉的聲望與收入更是一大重擊，因為當年的物理學獎頒給馬可尼，以表彰他發明了無線電。特斯拉認為馬可尼侵犯了他的多項專利，他比馬可尼還要更早就研發出無線電傳送的基本原理，但卻付不出打官司的鉅額費用。1912 年，特斯拉的幕後金主阿斯特於鐵達尼號船難喪生；摩根在隔年過世，集團由他的

兒子傑克・摩根（Jack Morgan）接掌；當初的恩人威斯汀豪斯也接著過世。特斯拉轉向小摩根要求贊助，試圖讓已經花了 50 萬美元的沃登克里弗塔起死回生，小摩根貸款給了特斯拉 2 萬美元，但這筆錢是要讓他開發無葉片渦輪機，而不是繼續他的巨塔電力夢。

沒過多久，特斯拉終究面臨財務大崩盤，只得簽署契約將沃登克里弗塔轉讓給華道夫飯店的經理。原本傳言當年的諾貝爾物理獎將由特斯拉與愛迪生共同獲得，這讓特斯拉的聲望和財務還有一絲起死回生的希望，但可惜後來證實此事只是謠傳。最後沃登克里弗塔落到了廢五金買賣商的手裡，只得在 1917 年 7 月拆除，正式為特斯拉的無線傳輸研究畫下感傷的句點。

▲ 超越前面巨大變壓器的沃登克里弗塔，甚至還沒有公開展示的機會，就直接推入垃圾拆解廠。

我是頂級旅館放鴿子王！

OPEN

羞辱人的嘔像獎章

1917 年，是沃登克里弗塔拆除的同一年，美國電氣工程師協會決定頒給特斯拉，協會最高榮譽——「愛迪生獎章」。他原本拒領這個以愛迪生為名的獎項，在好友力勸之下才勉強接受。沒想到在頒獎時，特斯拉不說一聲就消失無蹤，後來竟然是跑去圖書館餵鴿子，眾人好說歹說才把他拉回去發表得獎演說。

那年特斯拉帶著沃登克里弗塔的遺憾離開華道夫飯店，前往芝加哥開始為派爾國家公司開發無葉片渦輪機，雖然他很喜歡與派爾公司的工程師合作，但這家公司卻拒絕付給他應得的費用。特斯拉認為這項技術至少價值 1 萬 2000 美元，

派爾公司卻只寄給他一張 1500 美元的支票，這讓他覺得備受侮辱。欠了一屁股債的特斯拉很有骨氣的將支票寄回，離開了芝加哥。在這段期間，特斯拉的紐約辦公室被查封，還好他與華爾頓手錶公司合作研發出的改良汽車車速表在 1918 年獲得專利，讓他賺了一點小錢，勉強能夠支付他的帳單。

1919 年，相當仰慕特斯拉的《電氣實驗家》（Electrical Experimenter）雜誌發行人雨果·根斯巴克（Hugo Gernsback），說服特斯拉在雜誌連載文章，敘述他的童年生活、受教育的過程、替愛迪生工作的經歷以及早期的發明。他戲劇

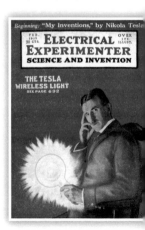

般的人生讓文章大受歡迎，也使得雜誌的銷售量突破十萬本，後來這些文章集結成書，取名為《我的發明》（My Inventions）。

自傲又才華傑出的特斯拉，還是忘不了沃登克里弗塔的夢想，曾在 1920 年寫信給跨足無線電領域的西屋公司，推銷他的全球系統，下場卻是一次又一次婉拒。他後來甚至認為西屋公司剽竊了他早期的專利，寫了一封威脅信：「如果貴公司不好好處理……對一家以我的發明而壯大的偉大企業訴諸法律手段，會讓我非常難過。」

他也寫信給《紐約世界報》抱怨：「如果愛迪生的公司沒有採用我的發明，他們早就玩完了。他們對我的付出沒有表達過感謝之意，根本就不公平又忘恩負義。」他還因為馬可尼阻止戰艦以特斯拉的電動機作為動力而大為光火，怒罵馬可尼第一次跨越大西洋的無線電訊號是個「微不足道的工程成就」。

雖然特斯拉與西屋公司的交涉沒有好結果，但他還是持續改良與

華爾頓手錶公司合作的車速表，他的新辦公室位在紐約的西 40 街，公司的信件信頭印滿了他各式各樣的發明：「蒸氣與氣體渦輪機、鼓風機、壓縮機、真空泵浦、噴泉、機械震盪器、精密儀器、高頻發電機、避雷針、防干擾裝置、震盪變壓器」。

周遊五星級飯店的鴿子王

特斯拉後來在紐約的生活，性格越來越古怪，不喜歡與人來往，覺得跟人握手就會被傳染疾病。每天晚上他都在城裡閒晃，到圖書館外餵食鴿子，這群鴿子是他最常聊天消磨時光的對象，在回到飯店休息前他會儀式性的繞著街區走三圈，像小孩子一樣避開人行道的裂縫。 如果有鴿子生病或是受傷，他就會偷偷帶回飯店照顧。其中他特別寵愛一隻舉止特別優雅的白鴿，這隻母鴿有著純白的羽毛，翅膀的尖端帶著一點淺灰色。他曾經花了 2000 美元救治這隻鴿子，但最後仍不幸死亡。對特斯拉來説是個嚴重的打擊：「我愛那隻鴿子，

有了她，我的生活才有目標。有天晚上她從打開的窗戶飛來，她告訴我……她就要死了，她眼睛的強烈光芒，比實驗室裡最炙熱的光線還要耀眼。她死去的同時，我也跟著她離開，我一生的工作也就這樣結束了。」

特斯拉之後的生活似乎陷入欠租、搬家的循環中。眼看紐約的飯店都快被他住了一輪，西屋公司擔心又老又窮的特斯拉形象不佳，決定負責他的新住所和提供養老金，這對之前為這家公司放棄大筆權利金和合約的特斯拉來說，每個月125 美元的養老金實在是讓人很受傷。

他仍然繼續從事發明，只是想法越來越腦洞大開：「可以把機械能傳送到地球任何地方的機器，能作為地理定位系統，還能製造地震」、「能夠送出穿越地球的高速波裝置，僅用五磅空氣壓力就能摧毀帝國大廈」、「開發太陽和其他恆星放射出的電磁輻射能量」、「從兩百英里外擊退一萬架飛機或百萬大軍的武器化全球系統──『死光』」。

總是遲到的正義

72 歲的特斯拉申請了他的最後一項專利──垂直起降機，這輛垂直起降機改良了 1921 年發明的直升機，除了有無葉片渦輪機之外，更厲害的地方是飛機上沒有任何動力來源，而是以特斯拉的巨型放電器網路來提供電力，他還幻想這輛垂直起降機會出現重量一百多公斤的輕便型版本，可以在街道上穿梭或是收放在車庫中。

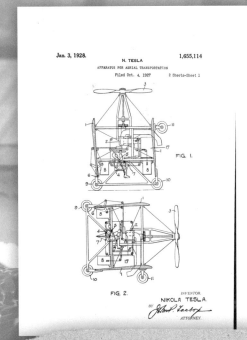

▲ 專利編號 U.S. Patent 1,655,114，是特斯拉第111 項專利，也是最後一項。這個垂直起降機概念放至現在，無線傳輸動力想法依然非常先進，這或許也是特斯拉晚年抑鬱不得志的原因吧。

《布魯克林之鷹》（Brooklyn Eagle）的年輕科學編輯約翰·奧尼爾（John O'Neill）對特斯拉很感興趣，成為特斯拉的死忠粉絲，他還為特斯拉 75 歲生日時安排了一份禮物，讓《時代》（Time）雜誌將特斯拉放在封面祝賀他的生日，稱他為「時代的奇才」，認可他的無數貢獻，世界各地的生日祝賀如雪片般飛來，甚至連愛因斯坦也捎來問候。

1939 年，二次世界大戰的戰火點燃，希特勒入侵波蘭，1941年軸心國進攻了特斯拉的家鄉——也就是當時的南斯拉夫。特斯拉知道他的祖國同胞命在旦夕，他認為自己的武器化全球系統可以保衛和平，在寫給外甥的電報中寫道：「有一種能夠摧毀飛機船艦的中子武器，能保護家園免受任何攻擊……」

正當大戰的戰火持續在全世界蔓延，1943 年 1 月 7 日，雪花靜飄落在紐約客飯店的 3327 號房，86 歲的特斯拉孤獨的倒臥在鴿糞中逝世，隔天才被女僕發現。南斯拉夫政府將他的葬禮安排在紐約聖約翰大教堂，有兩千多人前來為這位奇才送行。可惜特斯拉還是早了一些去世，沒能來的及看到 1943 年 6 月，美國的最高法院裁定無線電專利的發明人是特斯拉，是馬可尼侵犯了特斯拉的無線電專利。

▲ 最終特斯拉的還是回到他最深愛的家鄉——塞爾維亞。位於塞爾維亞的特斯拉博物館，不僅是特斯拉的安息之地，也珍藏了特斯拉的各種發明與書籍手稿。

CHAPTER

3

祕辛爆爆

NIKOLA TESLA

特斯拉的神預言

發明奇才特斯拉一生當中有著不少狂想，其中還有些概念被後來的科學家實現，並走入我們的日常生活中，現在就看看他的神預言吧！

沃登克里弗塔

神預言 1

無線資訊傳輸技術

1901 年，特斯拉在紐約建造沃登克里弗塔，實驗無線傳輸技術，他認為未來可以利用無線網路溝通、傳輸。然而這些概念要等到 1980 年代網際網路和 1990 年代無線網路相繼發明之後才成真。

神預言 2

無線能量傳輸技術

特斯拉希望沃登克里弗塔能夠無線傳輸能量，不過這樣的技術在當年像是天方夜譚，但是現代早已充斥著各種無線能量傳輸技術，像是手機的無線充電座。

神預言 3

全球導航系統

特斯拉曾經想要建立全球導航系統,讓船
隻能夠隨時取得準確的方位。然而直到
1978 年,全球定位系統衛星才首度發射,
開始建立定位系統網絡。

神預言 4

智慧型手機

特斯拉曾在 1926 年預言,未來會有可以
隨身攜帶的裝置,讓相距好幾千里的人可
以面對面透過影像和聲音溝通。這也是預
告著現代行動電話的出現。

神預言 5：自動車、無人機和電動車！

特斯拉也預言自動駕駛的汽車和無人飛機，而且它們還能夠自行根據不同的狀況，作出相應的判斷決定。他在 1898 年公開展示遙控船的技術時，許多人還認為遙控船內是不是躲著一隻猴子在操控。不過第一部自動化的汽車直到 1980 年代才出現，而無人機則是在第二次世界大戰上場。現在有些汽車已經具備自動停車的功能，許多科技業者和汽車公司，也都研發出可以自動駕駛的車用軟體或是汽車。此外專精交流電與電動馬達的特斯拉，也想在汽車上使用電動馬達，但西屋公司婉拒了這個提議。但現代已經有各種使用電力系統當作運輸動力的交通工具。

> 我是馬斯克，我比特斯拉還厲害一點，因為我已經把人送上太空！

▲電動車公司特斯拉，或許是最「名副其實」的有著特斯拉精神的公司。人稱「現代鋼鐵人」的公司執行長伊隆・馬斯克，同時完成特斯拉的兩個神預言，具有自動駕駛功能的電動車。

神預言 6：死光武器

特斯拉在 1935 年發表雜誌文章《一部結束戰爭的機器》，提到以帶電粒子束「死光」作為武器，能在長距離外殲滅敵人。傳言指出美國聯邦調查局在特斯拉死後以國家安全為由，封存的特斯拉手稿，就暗藏了死光的祕密。現代美國和俄羅斯在 21 世紀初期開始布署軍用雷射武器，但殺傷力和有效距離尚不如特斯拉當年所預言的：「從兩百英里外擊退一萬架飛機或百萬大軍。」而這或許是最不應該實現的預言。

▲美國已經在飛機或是船艦上測試軍用雷射武器，其威力大致能擊毀無人機或是部分飛彈。

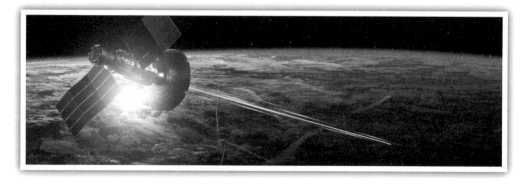

▲特斯拉想見的死光武器，或許像是科幻電影一般，透過他的全球定位系統與無線資訊傳輸技術，在長距離外殲滅世界各處的敵人。

特斯拉研究祕笈大公開

特斯拉一生至少取得 308 項專利，分布在五大洲 27 個國家，這麼多的想法到底從何而來，或是怎麼實現呢？特別是特斯拉並非出生在富有家庭，剛在科學界出道時，甚至是個月光族小工程師。他怎麼拿到巨大的贊助金援，也是令人好奇。那我們就來看看特斯拉的研究祕笈吧！

OPEN

第一招：
冥想、冥想、冥想

冥想可説是特斯拉最強的研究絕招，也是其他人模仿不來的。特斯拉不同一般科學家需要動手透過一連串實驗與測試來檢驗成果，他只要在腦中就可以自動模擬、不斷測試，等到他實際要動手時，已經是十拿九穩，可以充滿自信的完成成果。

第二招：
慘摔沒關係，爬起就好

特斯拉從小多次與死神擦身而過，但他擁有強大的意志力，深知自己的身體和心理極限，有意識的努力讓自己遵循規律的生活步調。沒有人總是一帆風順，特斯拉的人生更是命運多舛，但他從不會因為一時的失敗就灰心喪志，他在離開美國愛迪生公司後，甚至到工地找工作，但只要朝著目標一步一步走下去，總有看到光明的一天！

第三招：
想法夠狂，產品要炫

特斯拉可不是個躲在角落的發

明家，反而熱衷於推銷他的創新想法，並以吸引人的方式抓住眾人目光，像是在世界博覽會的哥倫布雞蛋，或是讓電流通過身體發光、無線燈泡等充滿視覺效果的科學展示，都讓人對他的發明印象深刻。很多時候若是沒有積極的行銷，好點子可是無法大規模的商業化，而變成存在腦海裡的幻想。

第四招：
放過小魚，改吃大魚

　　特斯拉從不以小小的成就為滿足，他曾經說過：「我們不能用立即性的結果來評斷一個新想法。」對他來說幾項小發明還不夠，他的夢想更為遠大——要打造全球化的電力和通訊系統，這讓他在晚年還

> 還不幫我
> 寫幾篇推薦文！
> (背後靈：特斯拉)

> 特斯拉最炫的作品可能是特斯拉線圈，高壓放電產生的絢麗火花，除了夠炫，還可以隔空點燈，投資者看到還不馬上灑錢！

▲連馬克‧吐溫這類文青，
　都被隔空點燈給迷惑住。

▲特斯拉悠閒的沉浸在電光石火中，
　簡直酷到極致。

◀現在的特斯拉博物館，也有特斯拉
　線圈的科學展示，參觀民眾正興奮
　拿著燈管體驗隔空點燈。

是能繼續前進。「先立乎其大者，則其小者不能奪也」，當我們清楚最遠大的目標為何，就不會著迷於短期的利益，或是被眼前的紛擾迷惑。重新想一想，你現在想達成的事或目標，是不是真的是「最重要」的呢？

特斯拉啊～他沒什麼力、毛病又多，什麼都不想做，趕快把他推給別人。那個記得幫我打馬賽克……

不願具名的工地工頭

 **第五招：**

出外在走，貴人要有

特斯拉的一生遇過很多貴人，請看看這些貴人們怎麼「幫助」他！

我真的不是故意要挖洞給特斯拉跳的！就真的給不出錢，只能幫他寫封工作推薦信給愛迪生。

巴奇勒

因為我是特斯拉老爸的拜把兄弟，當然是要好好照顧他兒子囉。沒想到，這個年輕人還真厲害。

提瓦達・普斯卡

你是說天才特斯拉嗎？他可是我公司裡最划算的投資，看著愛迪生落敗就是我人生最大的快樂，哈哈哈哈。

威斯汀豪斯

特斯拉還有這群好朋友幫忙～

☑ 在巴黎陪他散步，克服心理難關的大學好友席吉蒂
☑ 主動引薦特斯拉進入電學界和舉辦講座的《電學世界》編輯馬丁
☑ 贊助無限電力 buffet 的電力公司老闆柯蒂斯

第六招：
斜槓跨界，人生無限

特斯拉是多才多藝的代表，不但精通多國語言、擁有超能圖像思考的天才，他的發明長才更是橫跨多個領域，從小時候的釣青蛙、金龜子動力裝置，到後來的交流電系統、無線傳輸、車速表……，一生共取得數百項專利，他也從不停止腳步自滿於目前的進展。而現在的時代，斜槓技能變得更加重要，多培養幾個不同面向的才能，不僅能夠讓你的人生更豐富精采，或許還會有意料之外的收穫！

▼特斯拉除了交流電系統、發電機，
　還發明過這些有趣的產品。

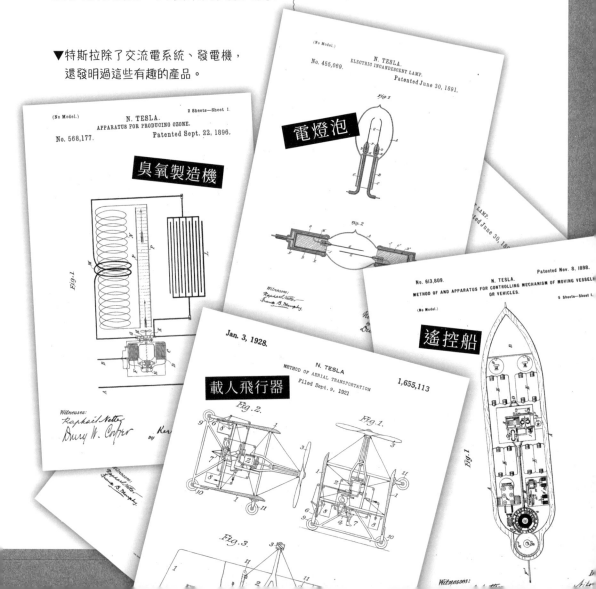

臭氧製造機

電燈泡

遙控船

載人飛行器

科學家大 PK：特斯拉與愛迪生

特斯拉雖然小愛迪生 9 歲，在科學界也出道的晚，但是兩人無論是在科學競爭、或是商場對戰，都擦出不少火花。甚至兩人引發的電流大戰，已經不再是科學的理性辯證，而是陷入道德、謊言、黑函的鬥爭中。究竟兩人的成長背景、工作經歷等有著哪些差異，才會導致這種結果呢！

OPEN

特斯拉

我的家庭

父親是牧師、母親則是個手作高手，雖然父親希望特斯拉也當神父，不過還是抵不過特斯拉對於科學學習的熱誠。

愛迪生

我的家庭

母親曾是小學教師，常常鼓勵愛迪生學習和做科學實驗。愛迪生曾在學校學母雞孵蛋而挨罵；不認同學校的愛迪生母親，就直接帶回家裡教他念書。

特斯拉

外表個性

特斯拉給人的印象是位高瘦、言行謹慎的歐洲紳士。同時他也博覽群籍、精通 12 種語言，是個充滿知性的科學家。

愛迪生

外表個性

愛迪生外表粗壯，不講究衣著，是個精明強悍又富有商業頭腦的生意人。

特斯拉
發明風格

極為優秀的理論家，也非常善於實務應用，能將腦海中的構想，轉換成實際的產品設計。

愛迪生
發明風格

非常勤奮，土法煉鋼型，但因為數學能力不佳，又欠缺理論科學的基礎，只好不斷嘗試錯誤，來發明新事物。

特斯拉
生命貴人

愛迪生歐洲分公司的主管巴奇勒，為特斯拉寫給愛迪生的推薦信中說：「我認識的偉人有兩位，一位是你，另一位就是特斯拉。」

愛迪生
生命貴人

西聯公司的總裁歐登，指示愛迪生免除例行的電報收發工作，並提供研究設備，鼓勵他盡情發揮發明天分，改善電報系統。

特斯拉
一戰成名

以交流電系統打敗愛迪生的直流電系統而聞名。

愛迪生
一戰成名

發明留聲機，改進貝爾的電話系統，開發白熾燈泡。

特斯拉　**愛迪生**

電流大戰

在電流大戰中，獲得威斯汀豪斯金援的特斯拉，憑著交流電系統的優勢，把愛迪生打得毫無招架之力。愛迪生和布朗即便透過各種抹黑、奧步，也無法挽回劣勢。電流大戰的勝利最終由交流電獲得。

特斯拉　**愛迪生**

研究成果　**研究成果**

特斯拉一生至少取得 308 項專利，分布在五大洲 27 個國家。

愛迪生不愧有發明大王之稱，除了在美國擁有 1093 項專利，美國以外的專利則有 1239 項。

特斯拉

感情生活

終身未婚，沒有與任何女人有過戀情。晚年孤僻讓他對鴿子產生奇妙的情愫，將鴿子當成最親密的愛人，甚至曾花費鉅款為心愛的鴿子治病。

愛迪生

感情生活

有過兩次婚姻。24 歲時與瑪麗‧史迪威結婚，生下一女二男，13 年後瑪麗因腦腫瘤去世。39 歲時與 19 歲的米娜‧米勒結婚，又生下一女二男。

特斯拉

晚年

在推出交流電系統時達到名望高峰，之後就急起直落，無人聞問。晚年窮困潦倒，87 歲時在旅館房間孤獨過世。

愛迪生

晚年

一直在科學界維持崇高的地位，財務不虞匱乏，享年 84 歲。

特斯拉及其同時代的人

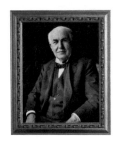

湯瑪斯・阿爾瓦・愛迪生
Thomas Alva Edison
1847 年 2 月 11 日～ 1931 年 10 月 18 日

　　1847 年生於美國俄亥俄州，父母是來自加拿大的移民，只受過三個月的小學教育，之後就由當過老師的母親教他念書。在少年時代對自然科學產生濃厚興趣，非常喜歡動手進行科學實驗。12 歲開始在火車上工作，他在一場火車意外中救了站長的兒子，站長很感激愛迪生，培訓他成為電報員，並接觸電報的知識。之後他在美國中西部各地擔任電報員，21 歲前往波士頓，以「電動投票計數器」獲得生平第一項專利。隔年與友人合開波普愛迪生公司，經營電氣工程科學儀器，陸續發明了普用印刷機、蠟紙、油印機、二重與四重電報機、英文打字機、聲波分析諧振器等。29 歲時在門羅帕克建立了美國第一個工業研究實驗室「愛迪生發明工廠」，結合科學家、工程師、技術人員、工人等專業人士，發明碳精棒送話器、電報自動記錄機等，改良貝爾發明的電話，並持續發明了穿孔筆、氣動鐵筆、普通鐵筆，愛迪生在31 歲所發明的留聲機轟動全世界，讓他獲得騎士勳位的頭銜。後來他開始研究延長燈絲的壽命，實驗了六千多種材料才找到最適合的物質，並獲得電燈發明的專利權。46 歲時在實驗室成立世上第一座電影攝影棚，也在紐約建電影放映院，後來拍攝出第一部故事片《列車搶劫》，為電影業立下基礎。他一生中的發明超過二千多種，有「發明大王」之稱。

喬治・威斯汀豪斯
George Westinghouse, Jr.
1846 年 10 月 6 日～ 1914 年 3 月 12 日

　　美國實業家和發明家，也是西屋電氣的創始人。1846 年 10 月 6 日生於紐約州，父親是一位農具製造商，他曾在父親的農業機械廠工作，這讓威斯汀豪斯從小就在機械和商業方面展現天賦。15 歲時美國南北戰爭爆發，威斯汀豪斯加入陸軍和海軍服役。19 歲退伍後，就讀聯合學院，但在第一個學期就輟學，並創造出他的第一個發明──旋轉蒸汽機。21 歲時發明「火車歸位器」，能使出軌的火車復軌，以此獲得人生第一項專利。22 歲時發明空氣制動器，利用空氣來停止火車，這項發明讓他在 23 歲時成立了威斯汀豪斯空氣制動器公司，迅速將自動空氣制動器推廣到全美和歐洲，他的公司掌握 400 多項與鐵路運輸有關的專利。威斯汀豪斯後來開始進口變壓器和交流發電機，並在匹茲堡建立交流電網。40 歲時創辦了西屋電氣公司，透過併購特斯拉的交流電動機專利，率先將高壓交流電引入美國的輸電系統，在與愛迪生的電流大戰之中大獲全勝，打破了直流電一統天下的局面，不但承建尼加拉大瀑布的發電站，還獲得 1893 年芝加哥世界博覽會的照明用電合約。此後，他還發展了以管道長距離輸送煤氣的系統，使煤氣灶和煤氣爐的使用付諸實現。但是晚年因經營失利，失去對西屋電器公司的經營權，1914 年 3 月 12 日於紐約去世，享年 68 歲。他一生創立了超過 60 家公司，也擁有超過 300 多項專利。

古列爾莫・馬可尼
Guglielmo Marconi
1874 年 4 月 25 日～ 1937 年 7 月 20 日

　　於 1874 年 4 月 25 日出生於義大利的波隆那，是家中的第二個兒子。他在少年時代並沒有接受太多的正規學校教育，而是由父母聘請的家庭教師教授他數學、物理和化學知識，17 歲時遇到在大學擔任物理教師的芬賽佐・洛薩（Vincenzo Rosa），他教導馬可尼基本的物理學知識及最新的電學理論。18 歲那年結識波隆那大學的物理學家奧古斯托・里吉（Augusto Righi），里吉允許馬

可尼進入他的課堂上課，也能夠自由進出波隆那大學的實驗室和圖書館。馬可尼對電學特別感興趣，里希・赫茲（Heinrich Hertz）在 1887 年首先以實驗證實了電磁波的存在，引起了馬可尼的興趣。他在 1890 年代初期開始研究無線電技術，希望能以無線電作為通訊工具。馬可尼的家人非常支持他，他的父親甚至變賣家財讓馬可尼得以購買研究設備。1895 年，馬可尼尋求義大利政府資助研究，可惜義大利政府對此並不感興趣。還好有英國政府慧眼識英雄，願意資助馬可尼的無線電通訊研究。因此，馬可尼在 1896 年到英國發展，並取得了重大進展，隔年就成功發送人類首個跨越布里斯托灣（Bristol Channel）的電報，電報內容是：「Are you ready?」1901 年，馬可尼由英國發送電報至加拿大，完成史上首次跨大西洋的電報通訊，永遠改變人類文明發展。1909 年與改良他的無線電發射和接收器的卡爾・布勞恩（Karl Braun）共同獲得諾貝爾物理學獎。他與特斯拉的無線電技術專利訴訟纏訟多時，1904 年，美國專利局撤銷了特斯拉在 1897 年的無線電技術專利權，轉而授予馬可尼。直到 1943 年特斯拉死後幾個月，最高法院卻又推翻了原判，回復特斯拉的專利權，並撤銷馬可尼的專利。

伊萊休・湯姆森
Elihu Thomson
1853 年 3 月 29 日～1937 年 3 月 13 日

　　美國的電機工程師和發明家，他在交流電領域的研究對後來的交流電馬達有重要貢獻。湯姆森於 1853 年 3 月 29 日在英國的曼徹斯特出生，在 5 歲時舉家遷往美國費城，進入中央中學就讀，從少年時期就對電學特別感興趣，畢業後擔任母校的化學教師。27 歲時與同事愛德溫・休士頓（Edwin J. Houston）共同創立了湯姆森－休士頓電力公司，並擔任電力工程師，銷售弧光照明系統。當時愛迪生大力鼓吹直流電，但湯姆森在交流電領域的實驗，促使後來美國普遍採用交流電系統。在他 39 歲時，金融家約翰・摩根（John Pierpont Morgan）安排美國照明工業最大的兩家公司：湯姆森－休士頓公司和愛迪生通用電氣公司合併成為通用電氣公司，之後湯姆森選擇保留自己的實驗室繼續進行研究，他一度有機會出

任通用電氣公司執行長，但他對經營的興趣遠不及研究的熱愛，因而拒絕。他幫助通用電氣公司發展 X 射線相關儀器、和以 X 射線攝影診斷骨折和體內異物等技術。一生擁有的專利超過 700 項並榮獲多項榮譽，發明包括弧光照明系統、發電機、電焊機、X 射線管等，對高頻發電機和高頻變壓器也有重大貢獻。他發明的瓦時計是項相當實用的設備，能夠測量家用或商用的電力度數，為他帶來更多的名譽和財富。晚年擔任麻省理工的代理校長，於 1937 年過世，享年 84 歲。

小威廉·史坦利
William Stanley ,Jr.
1858 年 11 月 28 日～ 1916 年 5 月 14 日

　　美國的發明家和工程師，發明能夠轉換交流電電壓的變壓器。於 1858 年 11 月 28 日在美國紐約布魯克林出生，在私立學校畢業後進入耶魯大學修讀法律，但不到一學期就輟學進入新興的電力公司工作，該公司主要的產品是發報電鍵和火災警鈴，之後又陸續加入金屬電鍍和機槍公司，曾在美國第五大道的商店設立美國首批電力設備。史坦利 25 歲時開始對電力學感興趣，構思交流電路系統，但一直未能付諸實現。26 歲時受雇於威斯汀豪斯在匹茲堡設立的公司，擔任電機工程師，隔兩年就成功建造出第一個完整的高壓交流電傳輸系統，包括發電機和高壓的傳輸線，能在廣大的區域範圍內傳輸電力。他所設計的感應線圈成為未來變壓器的原型，研發的交流電傳輸系統也成為現代電力傳輸的基礎。他後來離開威斯汀豪斯的公司，在外自立門戶，製造高品質的大型變壓器，但不擅經營和打專利戰的他沒過多久就失去公司的控制權，公司也被通用電氣併購。但是史坦利的天分仍舊持續影響電力產業，發展出更新更好的電力傳輸系統，發明的強制氣冷式變壓器也廣泛應用在其他通用電器的交流電力系統之中，連在尼加拉大瀑布的交流電傳輸計畫也有他的身影。由於史坦利後來對專利戰感到厭倦，因此將心力放在發展其他科技，像是在他 55 歲時獲得全鋼製真空保溫瓶的專利，並成立史坦利保溫瓶公司，一生共獲得一百多項專利。於 1916 年過世，享年 58 歲。

尼古拉 ・ 特斯拉小事紀

西元／年	事蹟
1856	在克羅埃西亞的斯米連村出生。
1862	進入斯米連村小學就讀。
1863	全家搬到戈斯皮奇鎮。
1865	進入文實中學就讀
1870	進入克羅埃西亞卡爾洛瓦次的拉科瓦次中等技術學校就讀。
1874	感染霍亂，臥床九個月。
1875	進入格拉茨科技學院學習技術科學。
1878	首次受雇於科技公司。
1879	父親過世。
1880	於布拉格的查理大學修讀自然哲學。
1881	擔任布達佩斯中央電話局總工程師，創造了人生第一項發明：電話放大器。
1882	發現了利用交流電產生旋轉磁場的原理。受雇於巴黎的愛迪生歐陸公司。
1883	在史特拉斯堡發明全世界第一部感應馬達。
1884	受巴奇勒推薦前往紐約的愛迪生總公司工作。
1885	在紐約成立特斯拉電燈製造公司，這是他的第一家公司。
1887	成立特斯拉電器公司，應用多相交流電生產相關機器。製造第一部多相感應馬達和發電機。
1888	美國專利商標局通過他的發電、輸電和供電用感應馬達和系統的專利。
1889	赴歐並探訪出生地，參加巴黎世界博覽會。
1890	開始實驗高頻電流。

西元／年	事蹟
1892	於英國倫敦皇家科學研究所發表「高壓和高頻率交流電實驗」演講。旅歐期間母親病危過世。
1893	於芝加哥世界博覽會取得巨大成功。
1895	特斯拉實驗室發生大火，損失慘重。
1896	全球第一座以特斯拉專利技術建造的水力發電廠正式啟動。
1897	建造大型無線電站，奠定無線科技基礎，申請關鍵無線電應用專利。
1898	首度利用無線電波遙控模型船，並申請專利。
1901	於長島建立無線電能傳輸塔實驗室「沃登克里弗塔」，以實現無線傳輸世界系統。
1905	取得「經由自然介質傳輸電能的藝術」專利。
1906	因世界系統計畫資助者摩根拒絕繼續挹資，特斯拉離開長島，轉向機械工程領域。
1907	打造第一部無葉片渦輪機。
1909	成立特斯拉動力公司，開發製造特斯拉的機械工程發明。
1917	獲頒美國電機工程師學會愛迪生金質獎章。沃登克里弗塔遭拆除。
1928	取得人生最後一項專利「空中運輸裝置」。
1931	慶祝 75 歲生日。
1936	發生車禍。
1943	在度過人生中最後九年的紐約客旅館 3327 房於睡夢中過世。
1960	國際度量衡大會將磁感應強度命名為「特斯拉」。

圖照來源

Chapter 2 讚讚劇場

P15　特斯拉故居／Plutho 提供

P16　尼加拉大瀑布／shutterstock 提供

P17　紀念中心入口、門口、特斯拉線圈／Zátonyi Sándor 提供

　　　故居前雕像／MayaSimFan 提供

　　　展示館／Fraxinus 提供

P18　高中／Bearcro 提供

P21　格拉姆肖像／Nadar 提供

　　　格拉姆發電機／Tamorlan 提供

P24　巴黎鐵塔與塞納河／shutterstock 提供

P25　三相感應馬達／Ctac 提供

P26　愛迪生公司／Charles L. Clarke 提供

P27　發電機／shutterstock 提供

P29　弧光燈／Atlant 提供

　　　電弧／Khimich Alex 提供

P31　特斯拉照片／Napoleon Sarony 提供

P32　西屋商標／Paul Rand 提供

P34　華道夫飯店／Joseph Pennell 提供

　　　房間／George Boldt 提供

P36　博覽會區域圖／Rand McNally and Company 提供

P37　發電機／Works of the Westinghouse Electric & Manufacturing Company 提供

P38　遙控船實體／Nikola Tesla Museum, Belgrad 提供

　　　遙控船展示品／Boban Markovic 提供

P39　無線傳輸塔／Charles Alley, 提供

P40　馬可尼／Pach Brothers 提供

　　　無線傳輸設備／Guglielmo Marconi 提供

P41　沃登克里弗塔拆解／American Press Association 提供

P42　愛迪生獎章／Johnstarr1 提供

　　　特斯拉雜誌封面／Nenad N. Bach and Darko Žubrini 提供

P44　餵食鴿子底圖／shutterstock 提供

P45　特斯拉博物館／Rburg87 提供

P48-51　插圖／shutterstock 提供

P51　機載雷射武器／US Missile Defense Agency 提供

　　　船艦雷射武器／John F. Williams 提供

P52　冥想／shutterstock 提供

P53　特斯拉和特斯拉線圈／Dickenson V. Alley 提供

　　　特斯拉線圈展示／shutterstock 提供

P54　巴奇勒／Smithsonian Institution 提供

　　　工頭／shutterstock 提供

P60-63　愛迪生／the United States Library of Congress's Prints and Photographs division 提供

　　　古列爾莫‧馬可尼／美國國會圖書館提供

本書參考書目

約翰‧瓦希克《特斯拉：點亮現代世界的傳奇》行路 .2008.ISBN 9789869634830

尼古拉‧特斯拉《被消失的科學神人‧特斯拉親筆自傳》柿子文化 .2019.ISBN 9789869700603

吉兒‧瓊斯《光之帝國 —— 愛迪生、特斯拉、西屋的電流大戰》商周出版 . 2017. ISBN 9789864773411

麥可‧懷特《科學世界的毒舌頭與夢想家》遠流 . 2012. ISBN 9789573270720

科學筆記

科學筆記